U0723777

下辈子
不再嫁给你了

다시 태어나면 당신과 결혼하지 않겠어

〔韩〕南仁淑 著

阿南 译

中国出版集团
现代出版社

今天，我感觉
更幸福

一个星期日下午，我在家里一边嚼着麦饭石章鱼，一边收看有一对恩爱老夫妻登场的悲情纪录片。"来世，我们再重续前缘吧。"这句话让我怦然心动。于是，我对正躺在沙发上的老公问道：

"亲爱的，下辈子你是否还愿意遇见我，和我结婚？"

老公闻言，像自动售货机一样吐出一个字：

"嗯。"

我说了声"是这样啊"，便继续看着电视画面，嚼着嘴里的章鱼丝。沉默了一会儿，老公努力掩饰着已经失去最佳反问时机的尴尬，假装很随便地开口问道：

"那你呢？下辈子你还愿意和我结婚吗？"

听老公提出这么一个没有任何可选项的问题，我一秒钟都没有犹豫，立刻回答道：

"当然不。"

有段时间，我也曾梦想过拥有"永恒之爱"。和一个想要永远在一起的命定中人谈一场欲生欲死的恋情，然后和他结婚，彼此心心相爱，彼此珍惜，最后约定来世再续前缘，携手死去。这种画面，我曾想象过无数次。周围的人告诉我，随着年龄的增长，这种想象会化为泡影——破灭。这让我不禁质疑：不相信爱情的人生，没有激情的人生还有什么意义？

可是，活着活着，反倒觉得这样的人生也挺好的。和妄想永恒之爱的时光相比，当下更值得我专注。

通过无数的经验，我终于恍然大悟，明白了人这种存在始终都处于未成熟阶段。我也明白了人生诸事，并不像我们想象的那样值得确信。懂得了自己和他人之间的界限，会给人带来意外的自由和满足感。因为在这个范围之内，我可以毫无保留地吐露心声，也可以展示自己的一切。

我可以自信地告诉大家：我非常爱我的老公；如果不出什么意外的话，我想我很愿意和他白头偕老。但这并非是承蒙命运或前生的因缘所赐，而是我付出血泪，不断经营的结果。人总是傻乎乎地以个人自私的无限之爱为前提解释人与人的关系，而只有当我克服掉这些愚蠢的心态以后，才得以开始有模有样的爱情。

反正彼此都是毛病在身的人，既如此，如果两个人相遇以后他们的爱情必须像极限训练那样慢慢成熟，来生又何必一定要和同一个人经历相仿的过程呢？倒不如下辈子，开始不一样的人生：在北欧，长成金发碧眼的标致模样，遇见有着宽阔肩膀和碧绿双眸的欧洲男人，与之颓废纠缠。或者生为一个西非布基纳法索无限肥硕的美女天天大快朵颐，和一个我越胖越对我死去活来的黑男孩终老余生。或者干脆生为一个男儿身，深深迷醉于温柔乡里，痴缠一生，看起来也很不错。

　　每每谈起人到中年，人们总会想到走下坡路的人生悲哀。毕竟不如从前的健康状况、开始倾斜的美丽、消失的浪漫、来自社会的疏离感和对老后保障的担忧等问题让我们深深纠结，仿佛我们走到了并不想到达的人生停靠站。可是，真的到了这个年龄，我的幸福指数反而相当令人满意。事实上，我确实是在经历一种截然不同于二十多岁时的人生，可也正因如此，反而感到有些庆幸。记得史蒂夫·乔布斯曾经说过这样一段话，大意是说，"人总是热望着他自己尚不知晓的事物"。而如今，我们反而具备了过上当年因为无知而不曾祈愿的生活。

　　我不年轻，可我却很幸福。当我知道这一事实，我才想要去找寻我延续至今的人生之所以幸福的原因。粗看之下，全然找不到头绪。但有一点是非常明确的：我的幸福感不是来自财产的增加，也不是由于其他的条件有所改善。前些年，我在海外的版税曾分文未得。我也没有像年轻时那样出版过畅销书，因此我的生活反而比过去艰难一些。老公的懒惰，比过去有过之而无不及；处于青春期的女儿，我甚至都不敢跟她搭话。这些事情害得我有段时间患上了恐慌障碍症，至今还在接受治疗。

可为什么我会感到更幸福呢？

最近几年来，我开始像"找藏宝图"那样——寻找那些以失去青春为代价而获得的好处。每当这时，我便会像一个狂躁症患者般热血沸腾。

在人生的每个阶段，都隐藏着神秘的礼物。换句话说，对任何人而言，并非只是在人人称之为"大好时光"的青春年华，才拥有人生的顶峰。在青春时期，由于我的无知和愚蠢，我曾四处游荡着专拣那些令人后悔的事去做。今天看来，我的青春简直不堪回首。我更喜欢年纪仍在逐年增长的今天，同时也认为，对于我的人生而言，我的最美时光还没到来。

有些人认为，上了年纪以后会觉得比以前孤独，也比以前不幸。观察他们的青年时代，我们便会发现，其实他们彼时也并不幸福。他们并非是因为上了年纪而变得更加不幸，而只是将现在的不幸归罪于年龄的增长。

对任何人来说，人生都充满了艰难和难以承受之重。在经历成长的过程中，我们赢得了对痛苦的忍耐力，也具备了从拥有的事物当中体味幸福的豁达。事实上，四十岁阶段，正是可以确定日后幸福生活的最后时期。因为这一时期，在三十岁左右时达到成熟顶峰的大脑额叶开始逐渐衰老。额叶担负着人类的思维重任，我们通常所说的人格或性格，都是由这一部位的作用而决定的。所以说，在这一时期拥有的明朗、开放的想法，将固化为我们至死的性格。

　　真正的成年人不会说破人生的悲哀，也不会试图以自己的不安情绪控制他人，而是自己先变成一个温暖的人，之后把自己的暖意传递给他人。希望这本书能使你我随着年龄的增长，成为一个懂得分享暖意的成年人，成长为一个真正意义上的成年人。

目 录

CONTENTS

事实上，
人最为孤独的瞬间，
是连自己都无法理解自己的时候。
无论处于哪一种状况，从本质上讲，
人是一种孤独的存在。

在人生当中，
至少应该有两个属于自己的房间，
只有这样，
一个人才能在往返于两个不同领域的过程中得到休息。

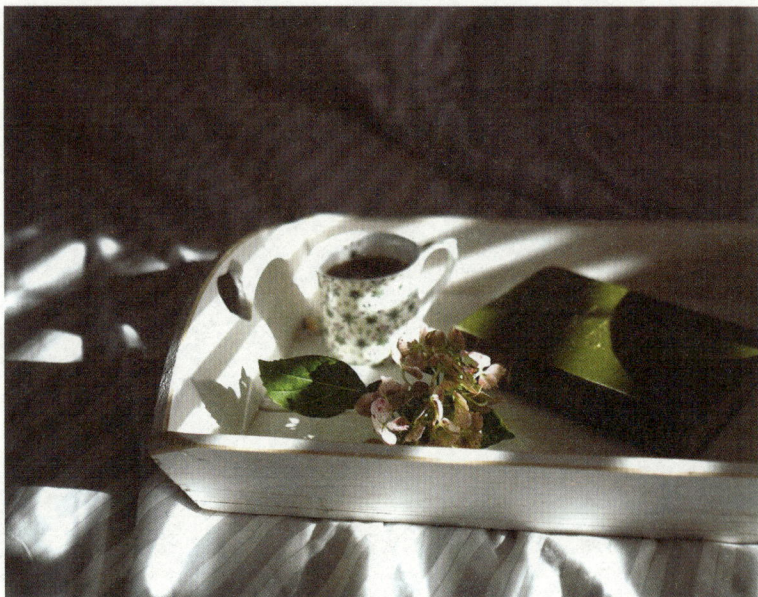

我有时想，
我们似乎也没必要因未能得到期盼已久的事物而感到惋惜。
因为我们选择了那些触手可及的事物中我们最喜欢的，
我们今天的生活也正是这种选择的结果。

好奇怪：成人以后，感觉更有趣

　　故事发生在初次带着女儿去济州岛旅行时。首次向女儿展示与以往我们常见的大陆截然不同的济州岛的海岛风貌，这是一件多么令人期待的事情！这一切都将以崭新的面貌展现在年仅七岁的女儿眼前，她一定会觉得世界好神奇，好有趣。

　　可是，孩子的反应却大大地出乎我的意料。奇妙的龙头海岸①风景、神秘的溶洞、翠绿色的挟才里②前海……这一切都没能让孩子高兴起来。虽然每到一处，我都会向她详细说明这是什么地方，可孩子只是变得更加厌倦而已。

　　结束了几天的旅程之后，在返回首尔的飞机上，我问女儿："哪个地方最好玩儿啊？"结果女儿给出了一个让我啼笑皆非的答案：

---

　① 济州岛景点。
　② 济州岛地名。

"水上乐园！"

距离我家不远，也有一座水上乐园，那里的设施远比济州岛的要好，而且在此之前我带着她去过不止一次。听了她的回答，我的心情就像被戳破了的气球 down 到极点，忍不住问她为什么。女儿告诉我说，因为济州岛上的水上乐园里没那么多人。她说得没错。到了济州岛，又有多少人会前往与内地没什么差别的水上乐园呢？我想起女儿非常享受不用排队就可以优哉游哉地玩耍、不用担心跟别人抢水上滑车。在那里，她忘情地戏水游泳，显得特别开心。对于一个年仅七岁的孩子来说，新奇的经验和各种景观，远远比不上和父母一起无所事事地戏水来得有趣。

事实上，趣味原本是来自新奇感的。因为我们的大脑分泌出的多巴胺等，都是只对新鲜事物产生反应的。但是，新鲜事物也仅在通过各种经验，识别到共同点时才会被人发现。我七岁的女儿没能在济州岛独特的大自然中发现新奇，它们也没能引起她的感动，因为她还不大清楚"独特的大自然"究竟为何物。女儿并不清楚大多数海岸都是由黄色的沙子构成的，也对生长于中部地区的植物的长相没什么概念。对于一个城里长大的孩子来说，所有的自然都是陌生的，因此，济州岛的自然当然也是以一个朦胧的面貌出现在她眼前的。唯一能让她开心的地方是水上乐园，而这类场所相对来说她比较熟悉。在这个熟悉的场所，与以往的经验唯一有所不同的便是"优哉游哉"。对孩子而言，这一点才是新奇的，因此也觉得比以前更有趣。

几年以后，在庆尚南道双溪寺的樱花大道上，我第一次发现女儿面对自然做出新的反应。粗壮的樱树枝头开满了铺天盖地的樱花，清风拂过，便会落下阵阵樱花雨。孩子看到这个情形，不停地笑着跳着，完全沉浸在欢乐之中。也就是在这时，孩子的知觉能力有了提高。每当春天来临，在市中心观赏樱花的经验逐年增多的孩子，才会意识到其中的差异和新奇性。

最近，我深深陶醉于瓷罐上。每当感到来自各方面的压力难以承受时，我就会跑到国立中央美术馆。现在我能发现以前根本无法理解的瓷器之美。这不是因为在这期间我的运气有所好转，或者是产生了学习有关陶瓷知识的兴趣。而是因为经验的积累，使得我在那些以往视若无睹的事物上感受到了新奇。我的眼光逐渐变得细致，而接触的世界却变得日益广阔起来。

在此期间，我感觉世界变得更加新奇而有趣。看到的东西与过去没什么两样，但感觉就是不一样。我过去的做法是逮着什么学什么，如此一来，所有事物看上去总是朦朦胧胧的，但现在，世界在我眼前变得越来越清晰起来。在生活过程中遇见的小小的变化，更容易进入我的视野，而这些事物给我带来新奇和喜悦之感。我所看到的世界，与十多年前我还是三十多岁的女人时所看到的世界截然不同，这一点让我印象深刻。

后来我才知道，随着年龄的增长，人会感到生活变得越发有趣。这是有道理的。因为我们在生活过程中不知不觉积累了高深的内功。或许，我们把自己的感情硬塞进"夕阳无限好，只是近黄昏"这种社会上的公式化定见。经常看到一些成年人总是对那些年轻朋友摇头长叹："你正值花样年华，真不明白你怎么还要死要活的。"我希望自己能摒弃这种典型的顽固思维模式，转而使自己首先变得有趣起来，并把这种喜悦分享给他人。我已经厌倦了过于严谨的人生。

02

可以结交真正朋友的黄金期

人们普遍认为，我们的今天早在十年前就已经确定下来了。

也就是说，大家都以为除了读书时期的朋友，进入社会以后，我们很难再找到新朋友。

在读书期间，我们都很纯真，彼此之间虽没有什么利害关系，却也能互相心心相通，这样的朋友才可能维系一生；而一旦过了这段时期，和再遇到的人相处，总会有一定的局限。尤其是打小一起长大的朋友，关系更加亲密稳固。这几乎是所有人认定的成见。

由于这种误人子弟的歧见，我不得不打小开始痛苦地忍受诸多烦恼。一想到这一点，我几乎会对自己发火。"我不能失去学生时代的朋友"。正是因为这种想法，我甚至曾低三下四地驻足于总是奚落我的朋友身旁；明知道有的朋友过于自私，我却每次都被人家利用；我还曾一厢情愿地包容仅仅把我视为"情感垃圾桶"的朋友的所有喜怒哀乐。正因如此，尽管我有很多朋友，却经常感到孤独，更多的时候我也因此而更喜欢一个人独处。另外，我认为问题出在自己的身上，所以更觉得痛苦不堪。学生时代可以用"友情"一词来概括，可为什么只有我一个人置身于成堆的真实朋友中间，却像一个影子一样感觉不到幸福，反而总是觉得孤独呢？这种烦恼和自卑心理在毕业以后也维持了很长一段时间。

直到我意识到自己不会再变得年轻，我才从这个问题中把自己解放出来，也在生活中体会到友情带给我的触电般的真正喜悦。

认真想来，在像学校这样相对封闭的空间里，强迫自己接受一份可维系终生的友情，这本身就是不成立的。世上的人林林总总，从其中找到一位和我处得来的人，并不是一件容易的事情。在学生时代，我必须在数十名同级生之中找到一位和我情投意合的人，但在这种情况下，更多的时候只能是强制性地让自己和某一个人成为朋友，而不是自然地和某人走到一起。由于我们当时都很单纯，因此也意识不到自己硬是在和不对的人相处，于是在这一过程中，回避冲突或显得懦弱等做出单方面牺牲的情况时有发生。从另一个角度上看，学校非但不是一个充满友情的场所，反而是一个"弱肉强食"的空间。

直到成年后，懂得了不少人生道理以后，我才明白所谓朋友，并不意味着是一种必须忍受痛苦的关系。不知过了多久，那些只让我感到厌倦和异质感的关系，才终于得到妥善处理。有一段时间，我不再过于留意朋友之间的关系，而全身心投入家庭和事业上。

这样过了一段时间以后，我从几年前起，开始和那些与过去结交过的朋友全然不同的人相处。我和这些好朋友彼此分享共鸣，尽情享受着甚至有过分之嫌的友情所带来的喜悦。我们明白了这样一个事实："三十来岁时的友情缺乏相应的品质。"我们给意气用事打上终止符，开始尽情享受略显孤独的自由。经过了这样的自我调整以后，对于人际关系的看法才会变得更加明朗，才会迎来获得更加成熟的友情时期。这种"全盛期"也降临到了我的头上。

学生时代仅以回忆勉强维持的友情，在生活过程中，因价值观和环境的变化，逐渐淡漠下来。但是，在人格和所关注的事情都已有所收敛的年龄段所结交的朋友，他们之间的友情有其坚固的一面。他们从经验上已经认识到相互之间可以授受的限度，因此只要是在这个限度之内，彼此间都可以做到倾囊相授，而无须左思右量。和小时候相比，无论是物质还是精神上的，能给予的事物更加丰富起来。这是何等美事!

　　我建议大家不要总是局限于和邻居或子女朋友的妈妈们打交道，而要通过各种渠道和更多的人相处。在行业聚会或各种兴趣小组、网上聊天吧上遇见人生挚友的情况也并不在少数。

　　也不要囿于"只有学生时代的朋友才可以无所不谈"的错误观念，而只是到几十年来才组织一回的小学同学聚会上晃来晃去。人是一种不大容易改变的动物，所以当时就没什么好感的朋友，到了今天也好不到哪里去。回忆和友情本就属于两个范畴。我们不该因缺乏与某人相遇的勇气，而一味沉浸在用"回忆"这种堂而皇之的东西包装起来的过去。让我们在更加明朗的广阔天地展翅翱翔吧。

　　现在是做这件事的最佳年龄段。

03

随着年龄增长，"和自己约会"
变得越来越重要

上了小学的孩子，只要当选了班级的学生干部，他们学年的家长代表就会无一例外地在学期开始时打来电话，提议大家聚聚。在这种聚会上讨论的事情，大多和孩子们自己无法解决的校内大小诸事相关。参加这种聚会的另一个目的，也在于学生家长之间彼此混个脸熟。到了聚会场所，总会有那么一两位在职场打拼的 working mom。令人感到费解的是，尽管大家都是初次相见，但一旦进入聚会场所，我一眼就能在众多的妈妈们中间认出那几个职场女。

在她们当中，看上去"最像全职妈妈"的人正是职场女。

如果你认为职场女一定会以一副职场女性惯有的干练形象，伴随着高跟鞋发出的清脆声响粉墨登场，而那些全职妈妈则一定会带着满脸的雀斑寒酸现身，那你就大错特错了。这种观念早就过时了。那些除了在职场工作的时间以外，其余时间全部投入家庭和孩子身上的职场女，反而没时间在自己的妆容上花费精力。就连那廉价的粉饼也懒得扑两下，无畏地以素颜出现在这种场所的职场女也不在少数。反而是那些相对来说在时间上比较充裕的全职妈妈，以更加干练的妆容出现在大家眼前。

不同部分也不仅限于妆容。做好一件事情已经让她们感到心力交瘁了，何况还要在两个不同领域同时做好两件事，她们的狼狈可想而知。这样一来，她们经常连一件事情都做不完美，而这种挫败感也给职场女带来深深的自卑。从那些向我吐露心声的读者的故事中，可以了解到这样一个事实：抑郁症绝非是被禁锢在家庭里的全职妈妈们的专利产品。那些职场女的日常被安排得绵密而紧凑，以至于连插针的缝隙都难以空出。我经常奉劝这些"正在失去自我"的职场女，不妨"和自己约个会"。

事实上，人最为孤独的瞬间，是连自己都无法理解自己的时候。无论处于哪一种状况，从本质上讲，人是一种孤独的存在。因此，在出生之际，某种程度上人们就已经具备了应对来自外部世界的孤独感的忍耐力。但是，自己和自己隔绝而导致的孤独感，却是无法克服的，也不应被克服。

在日常生活当中，我们随时可以通过智能手机或电视遥控器收看上百个频道的视频节目，但真正意义上还真没有能和自己沟通的时间。既然没有面对自己的机会，也就无从了解到自己感受到了什么，又想要些什么；而甚至连来自自我的理解都难以获得的人，将变得越发厌世。

我至今记得成年以后第一次意识到自己变得幸福起来的那一瞬间。我像残兵败将那样带着满身疮痍，找到母校图书馆。冬日的阳光斜斜地照射在一张宽大的书桌上，我把学生时代感兴趣的图画书找来，山一样堆在书桌上，开始一一读了起来。书中美妙的插图和峰回路转、令人感动的故事……我非常缓慢地读着，同时细细品味。在这一过程中，我和自己进行对话，终于和自己达成了谅解。这个过程本身可能也正是我进行自我治愈的时间，这也可能是我终生难忘的人生转折点。

也许是由于有了这样的经验吧，我总是奉劝身边那些疲于家务的已婚女：千万不要把节假日下午，从照顾家人中抽身，身心俱疲地在倦意中打盹收看电视节目，当成是一种休息，哪怕是一两个小时，你都应该把孩子交给老公照看，自己一个人暂时"离家出走"（？）。

和自己的约会也没什么特别的。你不妨翻翻自己喜欢的书籍，也不妨到环境优雅的咖啡厅喝上一两个小时下午茶，甚至也可以到安静的美术馆与一幅幅陌生的绘画良久对视。你可以带着一册笔记本，给自己设定这样那样的计划，或者胡乱涂鸦，试着把自己心中的故事记录下来。这种只有一个人独处的时光，会给你带来无法在嘈杂的环境中获得的内在力量。这不是奢侈。

只要对人说起一个人去看了场电影，或者去了趟美术馆看画展，又或者去逛了趟商场，那么听者当中流露出怜悯表情者多得让人意外。但我反而为这些人感到尴尬。因为他们的人生根本无法靠自己的努力创造出美好的时光和回忆，而只能寄希望于别人的帮助。

我们已经步入成年人的队列，我们要么散发着难忍的恶臭，一个人慢慢腐烂下去，要么带着丰盛的芳香走向成熟。这取决于我们能否与自我进行沟通。

04

女人，需要两个房间

"结了婚以后，成为一个全职太太好呢，还是继续去从事自己的工作好呢？"

这是临近婚期的读者或我的朋友们最普遍向我提出的问题之一。如果我既当过全职太太，又以一个妈妈的身份当过职场女的话，那么对于那些尚处于这种境况的人来说，说不定我是最适合回答这个问题的人选。

事实上，如果是一位专业人士，或是为了实现自我而工作的人，恐怕就不会提出这种问题了。她们之所以提出这种问题，是因为"继续工作还是放弃工作"这二者之间的利害得失差异再明显不过，几乎没有冲突的余地。大体上讲，因这些问题而烦恼的人，无论如何包装自己，结果仍是那些只为稻粱谋，或者本人自以为是在干着该干的工作的女人。于是，她们不得不打着心中的如意算盘，计算婚后生了孩子所需的教育费用，计算因无法有规模地生活而产生的浪费，计算即将借他人之手抚养的孩子在情感上的缺失……

我倾向于建议她们，无论计算结果是正是负，还是继续工作更为妥当。爆发金融危机以后，我失去工作而沦为一个无事可做的家庭主妇。由于有了这段经历，我得以知晓全职太太所期望的看似平和的日常和自由，可不是凭空而来的。

辞职以后，头两年的日子，确实感觉很滋润。无论懒觉睡到几点，几点干活，都没人干涉；我可以在孩子需要我的时候随时陪伴着她。但过了一定的时间以后，你终于会在某一瞬间恍然大悟。你会彻底明白在资本主义社会，不参加生产而一味消费的人，拥有这项"体面工作"的人会受到何种与实际价值无关的待遇。

至今为止，全职太太惯用的说法是"在家玩儿着呢"。从这样的表述方式上，我们难道还看不出人们对处于这种状态者的态度吗？身为一个全职太太，而想要成为一个能得到自己和他人认可的作用的人，同时还要做到不迷失自我，这需要我们变得异常伶俐。

何况全职太太在自己的人生中，仅有一间属于自己的房间。由于只拥有一间房间，一旦发生非常事件遭到破坏，而不能再加以利用，那么全职太太也就失去了可用来休息的空间。如此一来，修复遭到破坏的房间也为时已晚，不得不在那样的房间里坚持下去的房间主人也容易生病。在韩国这个国家，同时经营自己的职场和家庭是一件非常繁重的、需要兼备脑力体力的苦差事。但有工作的女性，仍可在往返职场和家庭之间的过程中缓解自己的疲劳。

有一次，我正在一家咖啡厅干活，一个女人抱着看上去不满两周的孩子走了进来。她的身上背着一只装有纸尿裤和断奶用食品的大袋子。从她连一辆婴儿手推车都没有的样子上判断，她应该是坐公交车在某地办完事，顺路到咖啡厅来的。孩子的母亲看上去还不到四十，但她显得非常疲劳。在我看来，她走进这家咖啡厅，几乎是出于生存所需。我想，在这家咖啡厅里，没有任何一个人比她更迫切地需要咖啡因。然而，那个孩子却根本不容他疲惫不堪的妈妈站起身到吧台去给自己点上一杯喝的东西。孩子似乎很不耐烦，只要抱着自己的妈妈站起来，就开始放声大哭。就在我打算走上前去，问问她是否能帮她点一杯喝的东西时，她却突然抽泣起来。孩子依旧紧紧搂住妈妈，使她动弹不得。妈妈无声地抽泣着，大颗的泪水一滴滴掉落在孩子的头顶上。我很清楚她的泪水意味着什么，因此都没敢和她对视一下。我无法给她任何安慰。

这种痛苦，只有那些曾被困在一个房间里，片刻都不能离开的人，才能深刻体会到。

在人生当中，至少应该有两个属于自己的房间，只有这样，一个人才能在往返于两个不同领域的过程中得到休息。我的女儿正处于青春期，以至跟她对话我都不得不谨小慎微，而老公实际上与我心中所想相去甚远。每当对他们感到失望之时，我就会到外面去见见家庭以外的人，在和他们一起聊天的过程中恢复自己的活力。与此相反，如果是在外面遇到烦心事，则会在"还是我的人能带给我温暖"这样的自我安慰中获得继续走下去的勇气和力量。

要想不在唯一的房间里窒息，房间的主人就需要变得更加贤明和勤劳。她必须时时注意通通风，也要不停地努力，以防止房间变得脏乱或遭到损毁。有时，她甚至需要利用屏风，在房间里隔出一个相对独立的空间，以便于获得临时的两个房间效果。我知道这项工作的艰难，因此我建议所有女人，干脆让自己拥有两个房间，以确保自己获得选择的权利。

我希望大家能认识到，我们的女同胞所做事情的价值，绝不仅仅在于收益的多少。最近，结了婚以后仍出去参加工作的女性越来越多，并已成为大势所趋。因此，在我看来，在不远的将来，让女性拥有两个房间的事情，也会变得比现在更容易一些。

在遥远的未来，但愿我的女儿不必带着悲壮的觉悟，也能使自己免受烦恼之困，便可拥有在两个房间中随意选择的权利。

05

最后留在心底里的还是旅行

"要是有了闲钱，你是想去旅行还是买个名牌包？"

如果有人向我问起这样的问题，我会毫不犹豫地选择旅行。我就是这样一个人。我在日常生活中便在梦想着去旅行，何况真的有了一点闲钱，又有什么理由不选择去旅行呢？

不过，在我的周围，讨厌去旅行的人并不在少数，这一点实在出乎我的意料。即使是在节假日，他们都不会为自己拟订一份旅行计划。日常生活已经让我们疲于奔命了，因此，与其花着钱在旅途中受苦，还不如干脆待在家里，痛痛快快地睡觉乘凉。这话倒也不错。"旅行"这一词语在英文中表示为"travel"，它源于拉丁语的"受苦"一词。所以，丝毫不受苦受累的旅行，是不可能存在的。在这个世界上，没有哪一个地方比待在自己的家里更方便，因此即使选择的是一条相对

轻松的旅游路线，但事实上，预约了旅行，也便意味着接受了
"受苦"发出的邀请。

　　其实，过去我也是一个讨厌旅行的人。要想去旅行，就必
须投入相应的时间、资金和体力，但真正踏上旅程以后，我们
往往会感到这趟旅行并没有回馈我们相应的价值。我们辛辛苦
苦赶到目的地以后，所面对的风景也确实算得上秀丽，但拍上
几张照片之后，心中的兴奋就会逐渐淡然起来。何况投宿的旅
店，其舒适程度远无法和我们为在那里住上一晚所付房费对等。
所到之处，商家紧盯着游客口袋里的钞票，已经让人疲于应付；
在陌生环境里，计划总会出现变化，由此而来的心理压力更要
游客独自承受。不仅如此，回到家中以后，还要带着满身疲惫，
面对像山一样堆积起来的待洗衣物……有些人把旅行视为幸福，
也有的人把旅行视为某种经验。以前，我无法理解这种试图把
旅行和某种意义强行联系起来的做法。但后来，在和喜欢旅行
的家人亲密起来，并跟着他们四处走动的过程中，我才逐渐懂
得了旅行的魅力。

　　后来我才明白，所谓旅行，其本质实际上是混杂在无数平
凡瞬间和困苦当中的几个"闪光"的瞬间。懂得旅行的人，会
把这种闪光的瞬间视为旅行本身，并牢牢记住它们；而这些闪光
的瞬间，也变成了他生命中无法用任何事物替代的宝贝。

　　有段时间，我曾深受失眠的折磨。刚入夜的时候，还能稀里糊涂睡过去，但不知何故，我一定会在半夜里突然醒来，而且再难入眠。也就是在这段时间，我在某处读到了在碰到这种情况时该如何应对的文章。文章称，遇到这种情况时，应缓释浑身的紧张，想象曾经最为幸福的场景，并把注意力集中到这种想象当中。那天，当我再次在凌晨时分醒来，便按照书中所说的方法努力去想象幸福的场面。没想到，浮现在我脑海里的，都是我和家人一起去旅行的时光。蓝宝石一样的海面、和家人一起痴痴仰望过的星及银河、刺激味觉的那些陌生食物……在一一回想这些往事的过程中，我不知不觉地睡着了。虽说单凭这种方法还无法根治失眠症，但我在那时明白了一个重要的事实：构成我人生最珍贵的记忆的大多数要素，几乎都来自旅行。

　　从此以后，我偶尔也会建议那些讨厌旅行的朋友，不妨适当去旅行一次。哲学家康德极其厌恶旅行，以至终生没有离开过他的家乡柯尼斯堡。我感到奇怪的是，一次旅行经验都没有的康德，又是如何知道旅行是不好的呢？因为萧伯纳曾经说过，"在这个世界上，还没有哪一个人贤明到能够理解自己还没有经验过的东西"。

　　"我试过，也就那样。"

　　即使是对如此说话的人，我们仍然有话可说。我过去不喜欢旅行，但并不是说我是一个在此之前没有旅行过的人。

　　虽说旅行并非仅凭一次尝试就可以消除心理压力、促使创意能力泉涌而出的魔法般的道具，但只要重复旅行，就会领悟到其中的价值。到了我们能够领悟到对于旅行来说，最为重要的不是资金，而是我们的健康的时候，我们就再也不会放弃去了解这种价值的机会了。

　　安坐在自己家里的沙发上，和家人一起摆上满满一桌零食，边吃边看电视，这固然不错。然而，这种日常定会在上百次的重复过程中，彻底丧失其意义。无论是什么事物，人原本就被设计成一种只有在新的刺激中才能体会到幸福的生物。因为人拥有这样一个大脑。不断给人以新奇感的旅行，对于一个人去寻找人生的意义与幸福而言，是一种颇为有效的手段。

　　我认识这样一个家庭，每到周末，他们便会无条件走出家门，直到到了收费站的时候，才决定要去往哪里。仿佛在他们看来，旅行并非是一件必须花费大量时间和金钱的壮举。

　　只有不抱有过多的期待，而想要享受旅行全过程的时候，这种开放的心态才会为我们展示出旅行的真正价值。如果是以"让我去看看到底好在哪里"这种心态踏上旅程，那么无论如何也只能得到这样一种结局——"瞧，果然不出所料"。

　　旅行实际上仅仅是把被我们称为人生这一房间的门窗推开而已。推开了门窗，并不意味着房间发生了什么变化，但在我们呼吸新鲜空气的时候，我们的呼吸本身已经在不知不觉中发生了变化。

随着年龄的增长，在旅行中获得的东西也越来越多。我们会意识到二十多岁时看不到的诸多事务，并懂得从中学习。和我们乐于在陌生环境中拥抱一切的精神状态相比，我们也会感觉到自己的肢体越来越不适合旅行。

人生的公正有时真是令人毛骨悚然。

06

我的生日我做主

    我是五月出生的。只要是一个结了婚，并且有了孩子的人，就会明白五月是一个多么令人手忙脚乱的月份了。到了五月，我不仅要给自己的孩子准备礼物，还要给婆家和本家所有亲戚家里的孩子准备礼物，因为韩国的儿童节就在五月；五月还有父亲节，我必须为给双方父母买些什么礼物而煞费苦心；教师节也被定在五月，我如何准备礼物才不至于被老师看得过重或过轻……五月的天气风和日丽，与之相应的是各类活动层出不穷。我的生日夹在这样一个月份当中，也便成为一个不敢寄于厚望的日子。日渐积累起来的疲劳即将达到爆发点的某一年的生日那天，老公提议"要么到外面去吃顿饭吧"。对此，我曾厉声尖叫道："求求你饶了我吧，让我在家里歇歇好不好！"

    几年前，我曾在生日期间被派往海外出差。进入五月以后，我本来就已经忙得没头没脑了，再加上到海外出差，这么一忙起来自然而然就把自己的生日给忘得一干二净了。出差回国以后，我前往娘家去把正上幼儿园的女儿领回家。没想到我的女儿一看见我，立刻把一张生日贺卡递过来，并问我的生日是怎么过的。她看着我，一双清澈的眼睛仿佛是在向我强调：妈妈的生日是最重要，也最让人感到好奇的事情。听我母亲说，我的女儿一整天都在记挂着我的生日。女儿的心完全被我的生日所充满的这一天，我甚至连记挂着我生日的家人都给忘掉了。意识到这一点，我产生了一种深深的负罪感。如果我回答说，我把生日给忘掉了，那么女儿说不定会认为自己一整天来的美好心愿，原来是一件不值一提的事情。为了让她明白她并没有错，我只好对她撒谎说，我在那边接受了很多人的生日祝福。也就是在那时，我产生了这样一种想法：越是将风雨同舟的亲人，或亲近的朋友，就越要尽最大努力，以便我们记住这个值得相互纪念的日子。

从此以后，无论多忙多烦，我都不再稀里糊涂地度过我的生日。我会从几周前开始，把我的生日即将到来一事向众人广而告之，并把订餐任务交给老公。如果看他挑选礼物颇为费劲，我甚至会提醒他：送一副耳环多简单啊！反正每年得到一副耳环作为生日礼物，我的小心脏还是能承受得了的。我再也不会让人看到因为没有一个人记着我的生日，而显得凄凄惨惨、郁郁寰欢的样子了。

　　其他家人的生日或纪念日，当然也不会落下。情人节这一天，我会和女儿一起准备好送给老公的巧克力和贺卡。老公晋升日或孩子第一次获得一百分成绩的日子，也绝不随便度过。我会为当事者准备好他喜欢吃的食品，并与家人一起分享，或者送他一件小小的礼物，以此来与当事者共同祝贺。如此一来，就连一直认为张罗纪念日是一件无意义的事情的老公，到了"白色情人节"这一天也开始习惯买束花回家了。以往认为有些活动都是无谓的浪费，但真的付诸实施以后，自然转化为一种喜悦和回忆。有些彼此亲近的人，常常容易忽视那些在他们看来不过是一种形式的事情。但这种喜悦和回忆，却潜藏着使他们回到初心的力量。对于不善彼此表达爱意的韩国家庭成员来说，说不定真的需要那么一种口实，以使他们彼此确认相互之间的爱意。

　　我甚至给女儿举办过一场"初潮 party"。那天我给她买来一块蛋糕，并在上面插上了一根蜡烛。我不想把我多年以前开始来月经那段时间的慌乱感遗传给她。女儿兴高采烈地吹灭了蜡烛，并把这一天说成是"我成为一个女人，因此受到家人祝福的日子"。这将成为她永远的记忆。

　　从严格意义上讲，或许没有哪一天是特别值得纪念的日子。

世间所有人都拥有的生日，因巧克力公司的炒作而变得商业化了的情人节有什么大不了的呢？其实，真正的问题还是在于和我一起共度那一天的"那些人"。

上了一定的年纪以后，人的感觉就会容易变得麻木，越是这样，就越不应该放弃和他人共同分享的各项活动。

如此看来，结婚纪念日，其实没剩下多少回。我指的是每当我们感到郁闷时，就将其视为"我的人生开始拧巴的日子"，以至恨不能把它从自己的人生中抹去，甚至在台历上恶狠狠地标出"×"符号的那些日子。分明是一个令人烦心的日子，可一旦在一个对的地方和对的人一起共同做一件对的事情，那么你或许就会认为这便是人生乐事。我至少没有在做了这样的烦心事以后为自己感到后悔过。

07

有关甜瓜的悲伤记忆

去年整整一个夏季，我经常从外面买回全家人都喜欢吃的甜瓜。当我把芳香扑鼻、口感清脆的甜瓜洗净切好，装在盘子里端上来，父女两人便开始没心没肺地吃起来。而我每次看到甜瓜，都会不由自主地想起十六年前的那一幕。

怀孕快到六个月的时候，肚子变得越来越大，可我的妊娠反应依然非常强烈，因此吃尽了苦头。有一天，我正在和老公在超市购物，突然看到摆在水果摊上的甜瓜。有生以来，我还是头一次感觉到那么强烈的食欲。我实在是太想吃那甜瓜了。不过那时，我们的经济情况不像现在这样想吃什么就可以毫不犹豫地随手放进购物筐里。我原为广播剧作家，但自从金融危机爆发，我便失去了工作。而当时将校军衔的老公正在军队服役，他仅有的那点可怜的津贴，有一半都要用来支付贷款利息。何况那时的甜瓜，比现在贵许多。

　　我好像在水果摊前傻乎乎地站了足有十多分钟。虽然最终还是转过身回到了家里，但令人奇怪的是心中怎么也放不下这件事情。此外，在心里暗暗抱怨老公持续了相当一段时间。"吃一个甜瓜，也不至于让咱们家饿肚子，想吃就吃一个吧！"如果当时老公豪爽地说上这么一句该有多好！由于这个缘故，甜瓜几乎成为悲伤与抱怨的代名词，深深烙印在我的心中。

　　可是，过了很久以后我才恍然大悟：这有关甜瓜的奇葩回忆，不是别人，而恰恰是我自己编造出来的。当时，我的钱夹里还夹着信用卡，只要刷一下卡买个甜瓜，也就不至于落下这么荒唐的病根儿了。其实我根本不应该期待老公能主动说上一句"吃一个甜瓜，也不至于让咱们家饿肚子，想吃就吃一个吧"，这句话反而应该从我的嘴里冒出来才是。那时，老公是一个年纪不到三十的"生瓜蛋"，他的"智力"水平还不够发达，看见我在水果摊前踌躇，只能想到"看她犹犹豫豫的样子，好像并不很想吃"。如果我当时果断出手，买来甜瓜吃掉，第二天开始用拉面对付一日三餐，那样虽然有些让人窘迫，却也能为我们的生活创造一段有趣的回忆，也就不至于把莫须有的"仇恨"强加于无辜的甜瓜身上。

　　我至今仍然常常看到身边有这样一些女性，她们总是以悲惨的牺牲，层层叠叠累积着心中的"怨恨"。她们常常认为，自己主动提起"你多照顾照顾我""你多考虑一下我的感受"，是一件令人烦心且有失自尊的事情。不过，令人惊奇的是，家人并不懂得妻子或妈妈牺牲了个人的欲望这一事实。前些日子，我曾把上面提到的有关甜瓜的故事讲给老公听，谁想他深感意外地对我说：

"是吗？那怎么不买下来吃啊？"

最终，这种没人加以理会的牺牲转化为类似于抱怨和虚妄的负能量，原原本本地转嫁于家人头上。马马虎虎对待自己的习惯，也会给家人带来负面影响。

现在，由于我已练就了熟练应付生活的内功，因此也能在不伤家人心的同时，毫不犹豫地说出我心中所愿的事情。所以，我也经常实践这样一个理论："心中想说的话"，有时就是你"该说的话"。当然，如果想要让老公注意我所说的内容，需要首先关掉电视机，再把他手里的智能手机抢过来，然后让他看着我的眼睛听我说话；而针对正处于青春期的女儿，我则应慎重选择话题，以免刺激到她敏感的内心。

现在，我很满意自己懂得善待自己的做法。我有信心再也不会去炮制有关甜瓜的悲伤回忆之类的"惨剧"。

08

我变得"厚颜无耻"，
世界反而有趣起来

很久以前的某一天，我陪着母亲去商场买衣服。正在试穿大衣的妈妈，看到旁边一位中年妇女穿上一件连衣裙站在镜子前面左照右照，不禁长叹道：

"身材这么苗条，该多好啊！穿什么衣服，看上去都很合身。"

"哟，您穿这件大衣，看上去多漂亮啊！您的身材也谈不上胖嘛。"中年妇女说。

我见她们两人开始彼此触摸着对方的衣服，和和气气地对聊，还以为两人原本就认识。后来我才明白，在此之前，她们二人连一面都没曾见过。明明是初次见面，有些中年妇女之间，却能像故人般交谈。我不止一次为这种女人的社交能力咋舌。

可如今，我自己也变成了这副模样。

原来，我是一个不善于和陌生人说话的人。从小开始，我便自知我是那种经常码字的人的性格。我喜欢独处甚于和他人共处，在多人共处的场所，我甚至都不敢开口说话。如果遇上不得不参加的聚会，我总是希望能尽快回到家里。我和不多的几个朋友持久相交，而且喜欢一次只和一个人见面说话。对此，人们评价说，我的内向性格达到了扎眼的程度。

不过现在，就像人们常说的那样，我已经变得"厚颜无耻"，没心没肺。如今，我也能像当年的妈妈那样，在百货商场挑选衣服的时候，和陌生的中年妇女谦虚而坦诚地交谈。

几天前，在和他人共同饮酒的场所，我曾对他们说："我以前可是个脸皮特别薄的人。"结果遭到大家一致的奚落。

女人的性格变得逐渐适合社交，其原因不在他处，而恰恰在于生存。无论是结了婚以后在家里相夫教子，还是继续在职场打拼，如果性格上不适合社交是不行的。女人的社会本能善于结成弱者之间的网络，她们重视结群甚于重视社会地位上的排序。正是这种社会本能，逐渐以生存方式体现出来。

我们在成人以后便开始各自独立生活，而解决问题的能力也成为必需。有些事情，只要稍微让自己变得脸皮厚一些，就很容易得到解决了。这种情况比我们预想的要多得多。在到海外旅行的过程中，与其羞于自己弱爆了的英语而扭捏着难以启齿，还不如哪怕借助肢体语言向陌生人问路，这样才能尽快找到目的地。这种经验慢慢积累起来，我们就会懂得社交能力在生活中所起到的作用有多么重要，也便慢慢习惯起来。令人吃惊的是，一旦脸皮变得厚起来，我们眼前的世界就会变得无限宽广和亲切。

有一次，在乘坐公交车的时候，我发现有一部手机被人遗忘在了座位上。我几乎条件反射地对刚刚还坐在那里，而此时正准备在下一站下车的女人问道：

"那是您的手机吧？"

如果我还是以前的我，那么很有可能的情况是，直到那个女人下车，我都犹豫着不敢和她搭话。

"她是不是刚刚坐在那里的那个人呢？如果不是，我会不会因为耽误人家下车而引来她的抱怨？也许手机的真正主人另有其人，而此时，正因我的荒唐而暗暗发笑呢。既然和我无关，是否假装没看见……"

我一定会满脑子诸如此类的想法，左右为难。

看到落在座位上的手机，那个女人吃了一惊，慌忙把手伸进自己的口袋里摸了摸，然后下意识地把手机捡了起来。这一切不过是几秒钟内发生的事情，看上去虽然没什么大不了的，但对于那些谨小慎微的人来说，却绝非是一件容易的事情。那个女人在下车的时候，三番五次向我真心致谢。如果我没有变得脸皮厚起来，估计是看不到她那真诚而充满感激的目光。

上一次和家人一起去大型打折图书展销会时，我的"厚颜无耻"再次大放异彩。从眼前排队的情况判断，至少需要两个小时才能进入展会现场。那些已经为自己挑选了一大包心仪图书的人，也同样排成长长的队列等待结算。我们是开了差不多一小时的车才赶到那里的，自然陷入深深的烦恼之中。要不要去排队呢？这时，我对等待结算的队列中的一对母女说道：

"抱歉，请问一下，里面值得一看的书多不多？"

听我这么说，那位母亲和大学生模样的女儿就像是我多年的老朋友，亲切而又详细地开始向我介绍起里面的情况。据她们讲，图书展上其实也没多少值得一看的书，而且也并不便宜。多亏了她们母女二人，我们不再停留在那里继续纠结，而是马上转向了附近另一个去处。

我变得不再犹豫，而直接向他人敞开心扉。如此一来，到了最近，我便可以同时体会到帮助他人的自由，和得到他人帮助的自由。这与其说要归于结果，还不如说要归于态度更为妥帖一些。同时，这也和自己的决定权、幸福感环环相扣。也许是由于这个原因吧，小时候，明明是在一个熟悉的环境，我却始终感到自己是被遗弃在一个陌生环境。但如今，即使是在一个陌生环境里，我仍然能够做到心安理得，处之泰然。我虽然不至于喧宾夺主，但至少可以以一个理直气壮的客人身份，在那里喋喋不休。

　　有些上了年纪的人，有时由于缺乏相应的自尊而显得厚颜无耻的样子，因此吃尽苦头。其实，这样慢慢变老的中年人也不在少数。但我认为，由于这种缘故而变老，并不是一件见不得人的事情。让人乐于接受的厚颜无耻，反而显得很有风度，有时甚至让人觉得很有品位。韩国人羞于在公共场所为后面的人多拉一会儿门，并对这种行为评头论足，将其视为一种止于形式上的礼仪。但在我看来，战胜这种害羞心理，坚持自己风度的人，反而是懂得照顾他人的人。我们不能把不知廉耻和善意的厚颜无耻混为一谈。这只能说明他在逐渐失去人性，而非是在慢慢变老。

　　昨天，有一位男性，趁着我在超市为他人拉着门的时候，像一条泥鳅一样钻了出去。出于上述的考虑，我希望他在某一天能为自己的行为而感到羞耻。他怎么就不能从我的手里接过门把手，说一句谢谢呢？我只是担心一旦放手，沉重的出入门就有可能碰破后来人的面颊，而绝不仅仅是在做孩子们玩的接龙游戏。

09

我们并没想做得那么绝

我认识的一位理财顾问曾对我说，他干脆就不受理年龄在四十岁以上的顾客的咨询。我甚为不解，一问之下，才知道原因竟然十分简单：

"咨询过后，几乎没有变化的可能性。"

要想成为一个能攒钱的人，也便意味着需要从整体上改变自己的价值观和生活习惯、人生目标等。一个并不像我这样既能赚钱，又善于攒钱的人，不可能接受了几次理财咨询后，就变成一个富人。而期待出现这种奇迹的人，往往就会成为骗子捕猎的绝佳对象。在我那位朋友看来，年过四十岁的人，如果不打算全盘改变自己一直以来的人生观和价值观，还不如趁早继续按照以往自己的生活方式继续生活下去。

天生就拥有富翁秉性之人，会在积累金钱这件事上得到巨大快感。当然，看到金钱积累起来，没人会觉得不高兴。但只要认真观察，便会发现，普通人实际上是在花钱这件事上获得快感，而非积累金钱这件事本身。他们不会在存折上的数字中得到快感，也不会在纸币上得到快感。有一次，我曾送给老公一本关于理财方面的书，建议他有时间读一读。作者在这本书中，否定了富翁都在使用又贵又高级的钱夹这一大众想当然的经验之谈，并就此展开逻辑推理。作者的核心观点是：并非又贵又高级的的钱夹会给你带来无尽的金钱，而只有当你如此珍视金钱的时候，你才会变成一个富人。老公饶有兴味地读完那本书的前半部分，然后整个人发生了变化：一个原本不关注那方面事情的人，开始对那些又贵又高级的钱夹感兴趣起来。只是他的变化仅此而已。

我有一位朋友，她既能挣钱，也能攒钱，她也因此成为一个名副其实的富婆。有一次，我告诉她有一款适合家庭主妇使用的品牌餐具正在打对折促销。没想到，我那朋友漠不关心地回答说，她家里有足够多还能使用的餐具。

"听说，那个品牌餐具，还是头一回这么打折促销呢。"

"再怎么便宜，我还是更心疼我钱夹里的钱哪。我就是讨厌钱从我的账户上哗哗流走。"

只要我的账户上显出一些数字，我恨不能立刻把钱花掉。可是这位朋友的思维方式，与我简直是天壤之别。我至今记得我当时感慨和吃惊的样子。

认真观察那些能挣很多钱的人，我们往往就会发现，他们的生活若是换了我们，简直连一天都活不下去。他们个人的爱好和兴趣，似乎完全就是为了积累财富而量身定做的，因此能轻易战胜来自工作的各种压力。他们显得天生就适合敛财。

几年前，我的一本书被翻译成蒙古文在蒙古面市，并很快登上了畅销书榜。受出版方邀请，我前往乌兰巴托，去参加一场读者见面会。出版方在活动结束以后，为我安排了一次库苏古尔湖（Khovsgol）旅行。据他们说，库苏古尔湖是蒙古国境内最大的湖泊，只要是一个蒙古人，没人不向往到那里去观光旅游。库苏古尔湖比传说的要美丽许多。看着那仿佛梦境般的风景，我始终惊诧得说不出话来。回到乌兰巴托后，我恰好有机会和韩侨联谊会的人见面，而在座的每位韩侨，无一不是在当地的成功人士。乌兰巴托出版社方面的人介绍说，在乌兰巴托，有很多在此定居下来，并积累起巨大财富的韩国人，在和这些数十年来生活于蒙古国的韩侨攀谈的过程中，我惊奇地发现，他们当中竟无一人曾到库苏古尔湖旅游观光。如果乘坐飞机的话，从乌兰巴托到库苏古尔湖地区不过一个小时，可他们却对蒙古第一湖泊根本不感兴趣。在贫瘠的异国他乡，他们成功地把自己打造成富人，而他们之所以没有去过库苏古尔景区，却另有原因。

与此相反，如果是价值观和兴趣点不在那里，倒也没有什么办法。我的一位后辈作为一个房地产中介，具有很高的才能。她年纪轻轻，却已经积累了同龄人无法想象的财富。可她在工作、生活的每一天当中都十分痛苦。由于涉及全部家产的交易，因此人们经常会在交易过程中，毫不掩饰地表露出自己最深层的人性。来自这方面的压力，完全掩盖了我那位朋友对于财富的渴望。她最终放弃了这项事业。我那位朋友说，现在再也不想重返房地产中介行业了。

"不想活得那么累。"

前面提到过的那位理财专家，常常说自己经常能从来访者那里听到这样的话。对此，她的回答并不是："所以你才过着这样的穷日子。哼！"在她看来，对于那些来访者而言，与其费尽心机想成为一个富人，还不如继续按照自己原来的方式生活下去。她劝告他们说，这样的生活也自有其值得肯定的价值。

我们都已经差不多走过了人生一半的道路，如果我们还没有行走在致富的道路上，那是因为我们"还没有想变成那样"。在生活过程中，我们对金钱不大感兴趣的时候确实没什么钱，但这是因为在此期间，我们首先关注的是金钱以外的其他选项。深爱着的家人、自由自在的人生、练习瑜伽的时间、旅行，以及穿上一件好衣服时的满足感……不放弃这一切而能成为富人的方法只有两种：一种是生为富翁的子女，另一种则是中得头彩。

　　我有时想，我们似乎也没必要因未能得到期盼已久的事物而感到惋惜。因为我们选择了那些触手可及的事物中我们最喜欢的，我们今天的生活也正是这种选择的结果。

10

抵制"大妈"这个称谓

有一次，我正在幼儿园和女儿一起走路。这时，一群年轻人叫住了我。

"大妈，能不能请您帮我们拍张照片？"

我带着亲切的微笑，给他们拍了几张照片。但在回来的路上，我心中的郁火，开始像一锅煮开的面糊，慢慢冒出锅沿。

"这帮小家伙，在喊谁大妈呢！刚才还不如不帮他们拍照呢！"

既然从字面上讲，"大妈"是泛指已经结了婚的女性的称谓，那么但就自身处境上来讲，其实也没什么郁闷可言。可我当时究竟是为什么对此大动肝火呢？我是不是上了一把年纪，还指望着在人们眼里是一位年轻小姐呢？

年轻的时候，我们会在"大妈"这一称谓中立刻听出明确的负面意味。

"难道我看上去有那么老吗？"

　　但是现在，针对"大妈"这一称谓，我所做出的反应变得远比以前复杂。

　　在韩国语中，"大妈"原本是用来指称亲戚当中的年长女性的。但后来，语义开始衍生，以至到了今日，甚至被用来指称"已婚女人"。但不管怎么说，问题还是出在实际应用上。在维基百科中，对"大妈"（'ajumma）这一词条的解释是："在拥挤的地铁或公交车上，引领人潮抢占座位，或是拉住行人的胳膊强行推销保险产品的粗人。""大妈"又被解释为"身穿体形裤，顶着满头弯弯曲曲的烫发，而脚蹬一双橡胶鞋的典型土老帽儿"，以及"处于最下层的体力劳动者"。在韩国语中，"大妈"一词就是这么定义的。这一点，和单纯指称"上了年纪的男人"的"叔叔"（'ajeossi）一词，形成鲜明的对比——"叔叔"（'ajeossi）在英文中被译为 gentlemen。

　　有人反问我，喊大妈为大妈，为何还要生气呢？对此，我想说，这个称谓的用法，实在是不让人痛快。

　　虽说不少人可能会对此加以辩解，强调自己并不是从那层意思上使用这一称谓的。但既然不是彼此达成默契的称谓，在我看来，初次见面就称呼对方为"大妈"的做法，其实是暗含着某种轻蔑情绪的。哪怕是同样一个人，只要是在百货商场的柜台前，她就会被人们称为"顾客"或"师母"（韩国人对结了

婚的女性的尊称），但如果你是在驾车过程中在狭窄的交叉路口
与人相遇，那毫无疑问你将被对方称为"大妈"。从这一点上，
我们也不难看出"大妈"这一称谓中暗含的蔑视意味。就连我
的老公，在想要奚落我的时候，或在我出现失误的情况下，也
会喊我"大妈"，这让我尤为恼火。大家需要了解的是，在某种
场合，"大妈"是一种委婉的骂人话。

原本是用来指称中年妇女的词语，竟然暗含着八分轻蔑的
意味，也不知我们这个高速发展的国家，在此期间究竟发生了
什么事情。

曾深究过这种暧昧称谓的一位韩国演歌（trot，韩国传统流
行音乐）手，俘获了为数众多的中年妇女粉丝。

"对我来说，在这个世界上，没有大妈，而只有大姐。"

也许他是完全掌握了女人的心理，并在此基础上展开有针
对性的营销攻势，总之，这位歌手最近在日本中年妇女当中受
欢迎的程度，远远超出了我们的想象。

我暗下决心，决定在"大妈"一词的含义发生变化以前，
绝不允许别人称我为"大妈"。如果有人喊我大妈，我要么不予
理睬，要么正面要求他改一个称谓称呼我。有时，我越是生气，
老公就越是"大妈大妈"地叫个不停，对此，我也曾真诚地予
以警告。在同龄的已婚女人聚会的场所，大家有时不免自嘲地
自称为大妈。我也打算彻底改掉这个习惯。

　　听了我这番话，有人曾这样反问我：“那么，在需要称呼陌生的中年女性时，该喊什么呀？”深究起来，在韩国语中，还真没有像西方国家那样可用来称呼所有人的称谓。在西方国家，一个女人一旦成年，就可以被称为“ma'am”“madam”“Señor”等，我常常羡慕他们这种文化。这种特殊的称谓，是否为我们大韩民国的专利产品呢？怀着这种好奇，我曾就此咨询过一位中国的朋友，她没能直截了当地回答我的问题，我看得出她犹犹豫豫的样子。过了一会儿，她这样回答道：

　　“如果你需要向一位陌生女人问路，就不要使用特别的称谓，而只用‘请问’就好了。”

　　细细回想起来，她的话也不无道理。在我们试图引起某位陌生人注意的时候，其实没必要一定在说话时加上称谓。那些能把我们称为“大妈”的人，其实也没必要一定用什么称谓来称呼我们。因为熟悉我们的人，都会根据与我们之间的关系，找到合适的称谓加以使用。

　　哦，对了。我有一个唯一允许他们称呼我为大妈的集体，他们是我女儿的朋友们。只有他们，才没有什么适合用来称呼我的恰当用语。

　　女儿刚刚进入小学不久，常到我家来玩儿的邻家小朋友，还不会使用“大妈”这一词语，所以他们当时是这样称呼我的：

　　“贤真妈妈！”

既然女儿的名字叫贤真，那么用第三人称来称呼我，也说不上错在哪里。但是真被这样称呼时，我却感到有些慌乱。在这个级别和垂直的人际关系受到普遍重视的社会，如何恰当称呼他人确实是一件不大容易的事情。所以，有些人在各种称谓中单单选出级别最低的"大妈"来称呼中年女人，我有时觉得他们真是一群无良之辈。

女人的自我正在日益壮大，因此，人们也将不得不谨慎使用"大妈"这一称谓。我不知道"大妈"一词在日后能否成为被人遗忘的词语，或者能否演变为和"叔叔"一词相对应的、具有中性含义的词语。但就眼下而言，我还是采取抵制态度的。这一称谓不具有任何使用上的概念，也不含有相应的尊重态度，与此相比，我们实在是过于认真地生活至今的。

11

现在，我们是否堕落为
一个永远的配角

　　很长时间以来，我头一次打开电视机，在调换了几个频道以后，开始收看一档电视连续剧。画面中的演员曾在一部悲情片中出演女主人公。看着看着，我在剧情中受到了某种冲击。因为在剧中，她扮演的是一个不满十岁的孩子的妈妈。她的美丽容颜依旧，但在剧中，她已经不再是一个女主人公，而是"主人公看似年轻、美丽的妈妈而已"。

　　只要稍微留意观察一下日常的文化界，或"恋爱市场"，我们便不难发现这样一个事实：年龄超过一定的界限以后，我们很快就会退出主流圈。因为这个原因，过去我对于年龄增长一事，似乎怀有某种悲哀。事实上，世间所有流行的东西，都是自下而上的。在年轻人的各种实验性的尝试中，那些反响热烈的事物将成为流行，并在同龄人中间盛行一阵以后，开始传播到年纪稍大一点的群体中去。无论古今中外，所谓流行的产生过程，不过如此了。

最早开始主导人们的认识发生变化的人，正是这样一群年轻人，而迫使社会运转的实际力量，也正来自他们。上了年纪的人，只是依靠他们的优势，抢先占据某一系统，然后便不再有所作为了。一位在成功之路上顺风顺水地走到今天的大企业领导曾对我如此说道：

"年轻人经常会说以后想成为一个像我这样的人，但他们并不羡慕我。因为他们自己也知道，尽管他们尚未拥有什么，但他们才是世界的主人公。"

他说，虽然他现在可以衣食无忧地享受每一天，但其实不过是那即将退场的配角。一想到这一点，他便悲从中来。

可是，一个人有必要成为主角吗？

数十年前专门出演各类影片中的男女主人公的那些演员，在他们当中，恐怕没几个人至今还在工作。但我在上小学期间经常出演配角的那些演员，其中有不少至今还活跃在影视舞台上。站在狭窄金字塔顶端的主要演员，既是人们羡慕崇拜的对象，同时也是嫉妒和攻击的对象。由于他们不过是幻想的对象，因此一旦幻想破灭，他们便只好灰溜溜地被人拉下台。但配角却不然。由于配角给人以亲近之感，人们总想看到他们，即使他们身上存在某些缺点和不足，大众也会一笑而过，所以和那些从一开始就出演主人公的演员相比，他们往往可以更长久地从事自己喜爱的事业。

曾一度出演过主角的人有两条选择道路。他们要么在金字塔顶端勉为其难地坚持，但在使尽浑身解数以后，最终会从上面坠落到金字塔底层；要么在恰当的时机急流勇退，选择一个比金字塔顶低几个级别的高度，在那里占据一个游刃有余的位置。这些主动退下来的人，将有机会在比塔尖低几个级别的位置上，去俯视以往在塔顶根本看不到的风景。

我们都曾经扮演过主角。不过现在，似乎是时候该主动退下几级台阶，去享受作为一个配角所应享受的人生了。明明到了该退场的时候，却依旧放不下对主角的迷恋，甚至踩着后来者的手，想把他们从上面弄下去，这些人的形象实在是过于丑陋了。

我在人生横断面上主动辞掉主角后的今天，才真正体会到成为自己人生的主人公的快乐。在年轻时代，我曾一度被他人的期待和注视的目光、无知和不足的判断力绑架，像一个傀儡戏中的主人公一样艰难度日。不过现在，我已经完全从那里解放出来，并按照我自己的剧本去生活——这才是我应该扮演的主角。

12

阿姨们为何在浴池里偷看他人的身体?

二十多岁时,每次去公共洗浴池洗浴,都会遇到我无法理解的事情。在洗浴池里,我至少会数次碰到怔怔地看着我裸体的目光,这些目光来自中年以上的大妈们。每当和她们的目光对视,我便会感到不安和羞涩。在这样一个公共场所,看到别人的裸体时,本应装作没看见,这才是起码的礼貌。可她们竟然如此露骨地盯着我看!不过从另一方面讲,我真是很好奇,她们的目光中究竟包含着什么意味呢?是不是和我相识的人呢?是不是我的肚子过大?是不是我的体形有些特别?向朋友们请教过以后我才得知,她们也都有过相似的经历,由此可以判断,这种事情似乎也不仅仅发生在我一个人的身上。那么原因究竟何在呢?

如果偷窥我的人是一个异性,那么尽管会感

到不快，却也能明确判断出他偷窥我的原因。可作为相同性别的中年女性，那些大嫂们究竟是为了什么，才那样注视我裸露的身体呢？这真是一件令人费解的事情。

可是现在，我也差不多到了那个年纪，这才逐渐弄清个中三昧。

我本来就不喜欢公共浴池。自从我搬进可以用热水淋浴的新家生活以后，几乎就没再去过公共浴池。只是后来在孩子逐渐长大以后，我才在她不断的催促下，陪着她去水上乐园玩。于是，不得不涉足水上乐园附设的大众浴池。可让我难以理解的是，在忙着冲洗自己和女儿的身体时，我的目光不由自主地转向了年轻女孩子身上。不为别的，只因她们的身材实在是太优美了。

在漫长的岁月中，我已经熟悉了自己日益失去弹性的身体，也正因如此，我几乎已经忘记了年轻女性的身体究竟是什么样子。在我和那些年轻女孩儿差不多大的时候，我把这一切看成是理所当然的事情，自然也就不知道年轻女性身体之美了；我只知道对我的身体不满，该有的部位没有肉，不该有的部位反而多出令人生厌的赘肉。但随着岁月的流逝，到了今天这样的年纪，我才吃惊地发现，那个年龄段的女性身体是何等优美！无论是胖乎乎的还是干瘦的，她们的身材看上去无一例外地都那样美丽。我唯恐让她们体会到我年轻时常常感到的不快，好容易才约束住滑向她们的目光。

　　这并不是由于我在嫉妒他人拥有自己正在失去的某种东西，也不是由于我对他人的裸体感到好奇，而是由于我面对美丽事物产生了本能的敬畏。

　　在女浴池里目击到的是一种原始之美。化妆的技巧、对服装搭配的独特感觉、从人的态度或表情上流露出来的美……这一切统统消解在水蒸气中，剩下的便只有在面对造物主创造的美时所产生的谦虚。"我曾经也是一个如此美丽的生命体！"到了很久以后，我才有了这种感悟，对此我既觉得神奇，又充满感激。我想，从那样的身体到目前这样的身体之间的变化过程，我是如何适应过来的呢？

　　人的衰老不是在一天就能完成的，这是一件多么令人庆幸的事情！每天，一点点再生的细胞，开始比逐渐死去的细胞少了起来。对于这样的变化，我们很难轻易发觉，反而在慢慢适应。好比等价交换的原则那样，在我们失去青春的同时，我们也会得到与此对等的优点，并自足于这样的更替。

　　有一天，我在公交车里听到了这样一段女高中生之间的对话。

　　"我妈的身上有一种不好的味道，真是奇怪。"

"对啊对啊！我妈的身上确实有味儿。不是洗发液那种味道……反正说不清楚。"

"哦？原来并不只是我一个人才有这样的感觉啊？有时，我偶尔也想闻闻妈妈的味道，可一旦抱住她，就……"

我也不知道她们所说的"妈妈的味道"究竟为何，但只有到了我们这个年龄才会散发出试图为他人带来方便的气息，在这一点上，我们是彼此相似的。

生物学意义上几乎令人窒息的魅力消逝的地方，会留下远超我们想象的东西。

13

羡慕奶奶的衣服

不久前，我在浏览网站的时候，试着把一张服装图片贴到了有很多女会员的匿名贴吧上。图片上的服装在我看来应该算是比较漂亮的，因此我希望了解一下别人会如何看待这套服装。当时，有几个在线的会员各自提出了自己的看法。她们的意见归纳起来，便是不约而同地声讨我对那套服装的欣赏水平。其中一条跟帖内容，我至今记忆犹新。

"您这是从哪里淘来了一套老奶奶的服装啊？建议您留着到了四十多岁的时候再穿吧。呵呵……"

有那么一阵，我难以理解中年女性为什么就要穿中年服装，而老奶奶们为什么一定要穿老年服装。如果从年轻人穿的品牌中选择一套比较端庄的服装穿在身上，岂不是更有范儿，看上去更给人以干练的印象吗？我实在是不明白，人们为什么总是为自己挑选适合那个年龄段的典型服装穿在身上。

可是最近，我却遇到了不小的麻烦。不知从何时起，二三十岁年轻人喜欢穿的服装，开始和我不搭。无论挑选一套看上去多么典雅、无可挑剔的服装，可穿在身上，给人的感觉就像是祖鲁女人穿上了一套韩服那样令人尴尬。开始的时候，我还以为是因为自己的身体发福所致，但其实也并非如此。实际上，这只是因为我已经过了分享年轻女性服装的年龄。

尽管上了一定的年纪，可我并不想穿出一身酸腐，然而设计华丽的服装却无论如何也和我的身材不搭。因此，有一段时间，我为此感到悲伤和烦恼。

但是，在不久前，我在和婆婆一同去购物的过程中，感受到了一个新的时装世界。年近古稀的婆婆能穿的衣服，几乎都曾被我戏称为"老奶奶的服装"。要是在过去，这类服装我是连瞧都不会瞧一眼的。而这一次，我却停留在了老年服装专柜前面。婆婆挑选的一件大衣，看上去似乎也很漂亮。于是我把它穿在身上试了试，又到镜子面前照了照。我从镜中看到，身上的服装通体闪亮，材料考究，且剪裁得当，足以弥补身材上的缺陷；与我过去向青春品牌看齐的那些服装相比，穿着反而显得更加年轻。我当然没有一时兴起把它买回家里，因为百货商场内那些为老奶奶们准备的服装贵得令人咋舌。

　　只是在这一刻，我领悟到我已处于该重新认识自己的脸庞和身体的阶段。这对我而言是个十分重要的"事件"。我意识到这不是一件让人悲伤的事情，我因自己找到了一个可以享受有异于以往美的起点而由衷高兴。

　　四十岁左右的女人该如何穿着？针对这一提问，我一位专门从事化妆咨询业的朋友，用这样一段话做了概括：

　　"要尽可能采用基本设计，重点要放在服饰上。需要重视的是，未必要贵，但衣料一定要考究。"

　　中年女人如何穿着适度，其原则和我们在这一年龄段所应采取的生活态度相仿。

　　我现在的生活何其简单而又高级，而且还会偶尔为自己点上华丽的着重号！

14

如何隐藏白发?

　　不久前，我在一年两度举行的朋友们的聚会上侃大山的时候，突然意识到又出现了一些完全生疏的话题，比如说，老花眼、染发等。我虽然不动声色，但当我得知在座的好几位朋友，已从很久以前就开始染发的事实，还是给我的内心带来了相当大的冲击。也就是在那时，我才意识到我们家族的人一向都是很晚才开始生白发。我联想到就连我九十岁高龄的外婆，依旧还有一半的黑头发。但在那个场所，对我而言，重要的不是我那可怜的头皮上是否长出了几根白发的问题。

　　使我发蒙的大脑更加混乱不堪的，是我和我的朋友们都已经到了该生白发的年龄这一事实。

　　话题转移到染发上以后，朋友们开始各抒己见，交换起彼此的染发秘籍和心得。哪家发廊染发染得漂亮，而且还不会损伤头发；哪家美容院的性价比高；听说有家美发厅是专业染发的；还是干脆买来高级染发液，在家里自己动手更好一些；染发前不洗头效果会更好；只染新长出来的白色发根部位，头发会少受损等，都是些我在不远的将来需要掌握的信息。

在她们的谈话内容中，最让我感兴趣的是，染发根据不同的方法，大体上分为两种，即黑暗染发法和明亮染发法。用普通的染料很难使白发变黑，因此这时通常的做法是，采用浓重的黑色染发液，把白发完全覆盖掉。所以，极力想让自己显得年轻一些的政治家们，都顶着一头木炭一样乌黑的头发。不过有些人，并不希望让自己的头发完全变黑，以此来遮掩自己的白发，而是采用一种更自然的方法。那就是利用视错觉效果，把黑发染得明亮一些，以使人们难以看出其中的白发。

当时我觉得，采用什么样的染发法，和一个人的生活方式极为相似。

有的人极力去掩饰自己的老态，试图以此来模仿年青时代的样貌，他们为此所采取的措施，无外乎使用浓艳的化妆品、接受去皱手术，或者假借耀眼的珠宝首饰。不过，另外一些人，却不会盲目地去遮掩老化过程留在自己身上的明显证据。他们不停地用年轻人的思维方式和青春的感觉，为自己持续充电，以此来稀释身上的老化气息。这样的人，即使眼角有着深深的皱纹，看上去也比实际年龄要年轻许多。

那么，我们究竟应该以什么样的方式老去呢？

乔治·克鲁尼（George Timothy Clooney）曾经豪气干云地宣布："以后我不会通过染发来掩饰我的白发！"我并不想全盘接受他对于这一问题的态度。既然是世界上最性感的男性代表人物，他的头发是黑是白，抑或像彩虹一样七彩斑斓，这又有什么关系呢？我以为，乔治·克鲁尼可能是想通过超越青春之美，来突破自己的衰老。

至少目前，我并不打算固执己见。我不想通过遮掩日渐斑白的头发，以满足自己对满头黑发的羡慕，也不想强迫青春永驻我身。我只是想自然而然地老去。但这并不是说，对于岁月的馈赠，我将照单全收。无论是在哪一种情况下，"自然"这种说法并不意味着全部的自然。乔治·克鲁尼或许也会采用除染发以外所有应对老化的措施。

眼下，我打算还是按照原来的做法尽量多睡，捧起据说富含胶原蛋白的猪蹄大啃一通，或者优雅地喝喝传说中含有抗氧化成分的咖啡。只要按照自己喜欢的方式生活下去，总有一天会等到一个发明出可以用明亮的色彩为白发染色的商品的聪明人的出现。总之，人们或许可以通过控制遗传基因，使人不再生出白发，又或者发明出不再使端粒（Telomere，存在于真核细胞线状染色体末端的一小段 DNA– 蛋白质复合体，它与端粒结合蛋白一起构成特殊的"帽子"结构，以保持染色体的完整性和控制细胞分裂周期）变得更短的妙招吧。

15

与美妥协，
我能做到哪一步

　　记得事情是发生在地铁里。虽然我故意避开了上下班的高峰期，但车厢内依然没有座位。这时，有一位坐在座位上的女性向我打了个招呼，然后问我是否愿意到她的座位上坐下。她好像马上就要下车了，便想把自己的座位让给我这个看起来比她更疲倦的女人。于是我走过去坐下，然后向她表示谢意。坦率地说，当时我的腿实在是太疼了，因此根本顾不上深究这件事。可是，列车到了下一站以后，这个女人并没有下车。女人依然站着，心满意足地俯视着我，有几分羞涩地对我说道：

　　"还好您是真的有孕在身。刚开始，我还担心看走了眼，引起您的误会呢。"

　　我坐在座位上，完全被各种感情所控制，歉意、感激、窘迫、荒唐、自责……她就站在我面前，而我却坐着，这种现实让我一点都不自在。于是出于照顾双方颜面的考虑，我只好装作真是一个孕妇的样子，继续坐在座位上。不过我心里在想，我看上去怎么就像一个孕妇了呢？即使在过去，我真怀孕的时候，也未曾有人给我让过座位，而如今，随着年龄的增长，我的身体是不是真的变得非常笨拙，否则她怎么会做出这样的言行呢？有了这种想法，心中不免略有伤感。我下定决心，一旦回到家里，首先就要把身上臃肿的衣服脱下来扔掉。

过了没多久，在一次朋友聚会上，我把这次的悲惨遭遇摆到了桌面上。可我没想到的是，她们竟然异口同声地对我说：

"那该多好啊！这不就是说，你还处于可以怀孕的年龄段吗？"

听她们这么说，似乎也不无道理。

到了我这个年纪以后，对美的标准经常模糊起来，最终变得不管在什么情况下，都会赞同"看上去年轻就是漂亮的"这样一句话。在我二三十岁的时候，有几个朋友经常把接受整容手术的女演员当成反面教材大加伐挞。可一旦有人提起某人的童颜手术很成功，效果非常理想，就会争先恐后地询问相关医院的资讯。那时，这种场面毫不陌生。可是现在，我再也难以像以前那样果断地说，自然的就是美的。

　　每当看到上一辈人时，虽然我也会想到顺其自然就是美的，但让你认真去注视自己青春不再的脸庞，那就不是一件轻松的事情了。只要是四十多岁的女人，谁还没有一点皱纹呢？人们似乎很是超凡脱俗地与这种观点达成了默契，却无法接受镜中的中年妇女就是自己。

　　在即将进入这种状态之际所出现的各种现象之一，便是开始对年纪达到四五十岁，却又美丽的女演员变得狂热。看到那些女演员，你会由衷地高兴起来。因为此时的女人，甚至都会放弃作为一个女性的生活，而银幕中的女演员，却给她们带来这样一种振奋人心的希望：从今往后，我依然还可以作为一个美丽的女人继续生活。过去，曾有一位女演员向公众公开过自己护理皮肤的秘诀。据她介绍，为了确保最低限度地刺激脆弱的眼部皮肤，每次涂眼霜的时候，她都会用最用不上力的无名指轻轻按摩。看到那则报道，我禁不住不屑一顾地哼了一声。

　　"呵，这该有多麻烦啊！手指的效能都差不多，难道用无名指涂抹，该长的皱纹就不长了吗？"

　　可就在那一天夜里，我惊奇地发现，自己正在用无名指给自己涂眼霜。今天早晨洗过脸以后，我也是按照这样的方法给自己涂了眼霜的。我想，或许我会一直这样为自己涂眼霜，直到我的手指还能胜任这项工作。

　　当然，二十多年前，我是以有别于她们的外貌一直生活到今天的，而如今我却在把自己和她们等而视之，其中真是充满了讽刺意味。

青春大概就是我们硬要留却留不住的，也不想就让它随意流逝的某种东西吧。

我一位从事化妆咨询师行业的朋友，她在业界很是有名，而她本人便有一副令人眼红的童颜。多亏有这么一位朋友，我才能向她说出我心中的迷惑：四十多岁的女人，采取什么方法，才能最大限度地保持青春呢？对于同一问题，给出各自解决方案的杂志或电视美容信息栏目中，尽是一些令人眼花缭乱、难以照猫画虎的内容，因此我要求那位朋友，在非程式化发言前提下，向我提示相关的核心内容。于是，我那位朋友向我建议道："要始终把嘴角翘起来。"我的眼前立刻浮现出我在毫无理由地微笑时的形象。但她止住了我的笑意，并让我去照照镜子。我微微翘起的嘴角，看上去并不是在微笑，而是一种无表情的温和状态。

让一个人看上去显得毫无生气的，不是眼部的皱纹，而是失去弹性的下颌线。只要微微翘起嘴角，脸部肌肉就会保持紧张状态，而下颌线也随之提升起来。她说，仅凭这一项功课，就可以使人看上去年轻五岁以上；再加上一旦习惯了这样的表情，也便可以防止脸部线下垂。

听了她的一番话，我决定把保持嘴角微微上翘的表情，作为我无表情的定式永远发扬光大下去。我不能不这样。可是此后过了几个月，我依然只是在想起来的时候，才在嘴角上稍微用点力。在写这篇文章的时候，把嘴角翘起来似乎还是今天的头一次。

不过，哪怕仅仅是在想起来的时候，通过自己的努力，让自己显得更为年轻一点，这已经是阿弥陀佛了。如果在十年以后，我的脸部肌肉比我的同龄人更富有弹性，那么一定是由于这个缘故。

16

越老越漂亮的方法

　　我曾看过一场由资历颇深的女演员出演的电影，等字幕滚动上升，我走出影院以后过了很久，才意识到影片中那个配角，正是那个美貌处于巅峰状态的偶像派出身的女演员。可是，尽管听同去的朋友们说起这件事，我一时还是想不起她究竟是在哪场戏中出镜的。后来，我翻看影碟时才吃惊地发现，她是在和女主人公一起被逮捕那场戏出镜的。女主人公由于上了年纪，其美貌正在不可挽回地枯萎，而那位美少女则在女主人公耀眼的美貌面前，失去了自己的存在感。我之所以认不出也回忆不起她来，其中自有缘由。

　　可是当我们认真思考的时候，就会发现在广受赞扬的高颜值演员中，很多人都是大器晚成，在他们年轻貌美时，即生物学意义上的美貌达到巅峰状态时，反而没有多少人气。只要看看他们的照片就会明白，他们上了一定的年纪之后，变得反而比过去更耐看了。他们脸部线上的弹性消退的痕迹一目了然，脸上也现出明显的皱纹，可看上去就是很美。那么，究竟是什么东西，造就了我们对于"青春即美"的观点差异呢？

听到我提出这样的问题，一位化妆专家给出了这样的答案："一句话，仪态。"

她进一步解释说，表情、姿态、手势、步态、声音、说话方式等，这些才是决定一个人看上去美与不美的决定性因素。我们经常会觉得，一些上了年纪的女演员看上去比那些年轻女演员更美，更有魅力。这是因为她们通过不懈的努力和人生经验，把可以使自己看上去更美的各种仪态，变成生命的一部分加以巩固起来。刚出道的时候，玛丽莲·梦露并没有受到人们多大的关注，但她在认真分析自己的长处以后，每天在镜子前站上几个小时以训练自己的表情，终于赢得了观众一致的好评。梦露特有的乏力而沙哑的嗓音，也是刻苦训练的结果。据说，梦露本来是以高调的声音和活泼的语态说话的。

如此看来，我所认识的有魅力的中年女性，很早以前就已经认识到自己，并开始对各种行为模式加以训练，使其成为自己生命的一部分。在这一点上，她们都像是在事先有过某种约定一般。有一个前辈认为，自己面无表情的脸庞看上去有些凶巴巴的，于是私下里决定脸上要始终带着微笑。现在，据她自己说，哪怕是一个人独处的时候，她都可以做到保持脸上带着类似摩崖佛像般微笑的境界。而另一位看上去比我年轻好几岁的后辈则说，她已经努力控制自己的大嗓门，用一种柔和的语调和人说话，而且为了保持端正的身姿而费尽心机。还有一位朋友，她在二十多岁时曾在购物中心看见一个走八字步女人的剪影，私下里认为实在是难看至极。后来她才意识到她看见的人正是镜中的自己，于是痛下决心，经过艰难的努力，终于以魅力十足的步态行走在蓝天白云之下。

仪态的力量，似乎比我以往预期的要大。我们通常所说的"范儿"也都来自这种仪态，而且我们仅从一张照片中就能直观地感受到它的存在和光彩。不久前我曾读到一则采访报道，接受采访的主人公称，在自己见过的所有超模当中，最美的人是娜奥米·坎贝尔（Naomi Campbell）。她认为只要看到娜奥米·坎贝尔面带表情走来走去，任何人都会同意她的看法。我虽然没有在现场目睹过娜奥米·坎贝尔在 T 台上的表演，但考虑到她是以她独有的步态登上那个位置的事实，也便可以接受上面那位接受采访者的断言了。

自信地认为自己是一个有魅力的人，以及无论年纪多大都不想抛弃自身魅力的愿望，这二者之间是彼此相似的。即便不是男女朋友关系，魅力也会在生活各个领域发挥巨大作用。富有魅力的人，更好地完成自己工作的可能性更高。这并不是我个人的观点，而是全世界心理学研究专家所下的结论。

我一位朋友的母亲，已经六十多岁的人了，至今还在从事自己的事业。朋友说，自从她的父亲去世以后，有无数自认为手里有几个钱的老爷爷，曾向她的母亲求爱。我曾有机会和这位朋友的母亲见过一面，可出乎我的预料的是，她是一位相貌平平且身材矮小的老奶奶。不过，在和她进行了长达一小时之久的对话之后，我才真切地确信，任何一个人都会被她身上的魅力所迷惑。她的魅力来自既有品味，又富有女人味的说话方式和语调，以及从不手忙脚乱的行动，端正的姿态……这一切使她看上去俨然就是一位天然的女性。我猜想，这位老奶奶也一定是经过了长期的仪态训练。

在写这篇文章的时候，我意识到自己也该开始做些什么了。我想，首先从自己的坐姿开始，改掉写字的时候把面孔凑近电脑显示器的毛病。人在步入中壮年开始，步幅变小的同时迈步的频率也会相应提高，我一定会瞪大了眼睛，使自己不至于变成一个迈着细碎小步，在街上彳亍的小老太婆。我也会想方设法去了解是否有什么行之有效的办法，改掉我在说话的时候皱眉头的坏习惯。

　　一旦持之以恒，在几十年以后，我说不定会成为方圆几公里之内最有魅力的花甲女人。虽然人人都说"女为悦己者容"，但是彼时的我应该更关注自己内心的满足感和对美的追求吧，毕竟"美丽到老"不只是为了和某某家的老爷爷谈个恋爱呀。

17

鞋子泄露你的年龄

　　人的消费方式各种各样，而对于除了买春、赌博、吸毒以外的消费行为，我基本上还是倾向于抱有尊重态度的。可是有些人在shoeaholic（休闲女鞋）如此流行的时候，还要花费巨额资金去购买鞋子，对于这一点，我实在是难以理解。首先，无论穿什么样的皮鞋，只要是新皮鞋，就会脚疼。对我而言，皮鞋只是一种外观美丽的刑具。何况皮鞋不同于皮包或首饰，会急剧变脏，而且残破速度也很惊人。也许是由于这个缘故，一直以来我都认为，只要有那么两双穿熟了的皮鞋也就足够了。因此，相对而言，皮鞋在我的着装上占据着无足轻重的位置。

　　可在我写了一本关于鞋子的书，并开始关注人们的着装打扮以后，我才明白鞋子会泄露它的主人全部秘密的事实。

　　鞋子真可谓是一种神奇的时尚产品。

　　和某人见面时，她穿着什么样的衣服，或者背了什么样的包，对于这些我们一眼就能看出来，但她穿了什么样的鞋，我们却不大能注意到。不过当我们和她分手以后，回想她的衣着时，决定她的整体印象的却恰恰是她的鞋子。

　　我一位以匿名方式开展工作的"诱惑专家"朋友曾这样告诉我，如果你想要诱惑一个男性，应该无条件穿一双高跟鞋。不管这双鞋是否适合自己，也不管这双鞋的款式是否流行，总之无条件要穿一双高跟鞋。因为仅凭一双高跟鞋，你就可以摇身一变成为一个"富有魅力的女人"。

　　有一次，我在地铁里做过一个小小的实验。我看着坐在对面的人，通过观察这个人穿了什么样的鞋，来想象她应该是一个什么类型的人；在仔细观察那个人脚上的鞋以后，再看看她的形象，以此来验证我的想象。结果，通过一双鞋做出的有关她的形象判断，大致上和她的真实形象是一致的。这无关她穿的是否名贵的鞋。穿了一双海绵底休闲鞋的人，是一位年轻、干练的女性的概率非常低；穿一双鞋尖锐利的皮鞋的男人，绝不可能是一位正准备参加升学考试的高中生。如果一个人穿了一双号码暧昧的半腰靴，那么整体上的气质也是暧昧的。这倒不是说，有这样一种程式化了的定律，要求你穿这样的服装时一定要搭配这样的鞋，而是说穿了某款鞋的人，自有自我表现的意识。

鞋子会以一种深沉却强烈的方式，表现出它的主人所追求的气质。尽管在牛仔裤上配上一件狩猎夹克，但只要穿了一双性感的凉鞋，就会成为性感的衣着；即使穿了一套正装，但穿上一双运动鞋，也便会显得生龙活虎。如果早就知道鞋子如此重要，年轻的时候就不至于那样荒唐可笑。一想到这一点，我就有些惋惜。

一双鞋可以决定一个人给人以什么样的整体印象，因此，穿什么样的鞋，也就决定了你看上去是否年轻。过了不惑之年以后，我才意识到选择鞋子的款式是一件越来越困难的事情了。

首先，我排除了能在一秒钟之内把人变得十分相似的高跟鞋。因为到了这个年纪，膝关节已经开始不如从前，走路的时候会让我的身体处于紧张状态的"恨天高"，即鞋跟像锥子一样尖尖的高跟皮鞋，也会让我这个体力开始下降的中年女人精疲力尽，因此也退出了我的鞋柜。现在，还留在我的鞋柜里的，是那种拥有像整木一样稳固鞋跟、且可以保护脚腕的长短靴，以及能遮住脚背的凉鞋和运动鞋。我的鞋柜里只有那么一两双鞋可以被称为纯粹的皮鞋，它们是用来参加各种正式活动时穿的。即便如此，我还在尽最大努力，在保证自己便利的情况下，做到不至于被这个社会的潮流落下过远的距离。因为穿一件年轻人穿的服装，反而更容易显老，也可能显得更丑陋，但鞋子却不是这样的。在不那么扎眼的同时，却可以不动声色地使你看上去显得比实际年龄小——这正是鞋魔力所在。如果你对我所说的话不置可否，不妨找机会观察一下你周围的人们。你将会发现，有些中年人，他们身上的衣服虽然不怎么起眼，但看上去总显得年轻一些，因为他们都懂得选择什么样的鞋子穿出去。这是他们共同的特点。

如果读了上面的文字，你还想到地铁口附近打出"清仓甩卖"告示的小店给自己买双海绵底鞋，那说明你已经老得无可救药了。这是你对岁月的正常顺应。

可是，即便是我这个正在这里唠叨的人，每次低头看到自己脚上的鞋子，都会想到这样一句话："管它什么款式不款式的，就不能擦得干净一点吗？"每次从外面回来，由于身心俱疲，把鞋脱在玄关后，我便立刻忘掉它们的存在，直到下一次出门时才想起来。但由于时间紧迫，只好稀里糊涂再把它们穿在脚上。好像我的生活过于繁忙，就连擦鞋的时间都没有。我不知道一个人的鞋子变脏，是否也应被看成是他的老化现象之一。写到这里，我想我还是该去擦擦鞋了，趁着还没有忘记，趁着我还有时间。

18

无悔的人生法则

在日常生活中，我谈不上有什么出众的要领，但在某些方面，我却自有一套优于他人的方法。从性格上讲，我是一个属于那种对自己不甚满意的人，并且以这种状态生活至今。而我对于这一点，却觉有几分自得。这就是一种"无悔的人生态度"。如果有人问我，在我的人生当中，是否有过什么后悔的事情，我将回答他说，我没有什么后悔的事情。我也确实是这么想的。

在此，我准备公开我的无悔人生秘籍。

呵呵……那就是以无悔的态度生活。

仔细想来，在至今的生活当中，我似乎没有一次做出过聪明的选择。其实，在我的生活中，一直都有做出更好选择的余地，可我总是莫名其妙地选择那个相对来说糟糕的。我今天坐在这里写这篇文章本身，其实也是一个愚蠢选择的结果。

眼前面临的课题是马上能挣到一笔钱，而作为家里的长女，我却选择了一条或许在遥远的将来才有可能挣到钱的写作道路。这是一件多么令人无语的事情！对结婚这件事也是如此。当时我现在的老公还在军中服役，可以说前途渺不可寻，可我却一下就受惑于他的求爱，在毫无思想准备的年纪，过早地和他举办了结婚仪式。在此后，我也同样做了无数傻乎乎的选择，也为此付出过惨痛的代价，但我却一次都没有后悔过。

只有在主动做出选择，并对此负起责任时，才不会对自己的选择感到后悔。

"是我自己砸了自己的脚，又能抱怨什么人呢？既然已经如此，那就这么着了，管它呢。"

我的态度基本如此。好在山不转水转，事情经过了一番曲折之后，似乎回归到可以证明我的选择是正确的方向上来。我曾经梦想着一种荒唐的生活，而如今却梦想成真，正做着自己喜欢做的事情，同时还受到无数人的祝福；而曾经无所事事的老公，如今在家里家外也都还值得引以为荣。由于结婚和生育都比别人早，也便比别人更早地找到了自由。虽然并没有强行推荐我的想法，但我认为，我的结局说明，曾经做出的都是适合自己的选择。

生为一个人，我们不可能没做过值得后悔的事情，哪怕是说到了一百岁高龄也不大可能。但我们却可以做到不后悔以往的选择。对以往的选择不后悔，认真面对自己惹下的事情，并思考该做什么不该做什么，这大概就是无悔人生的秘诀。

虽然我说得自以为是，但实际上，活到了我这个年纪的真正意义上的成年人，基本上都已经领悟到了这一点。总而言之，这还是个态度问题。哪怕是从现在开始，我们都应该告诫自己，要更多地关注当下而不是过去，才是提高生活品质的关键所在。这是值得我们终生咀嚼回味的法则。

如果和家人谈谈话，或翻翻过去的日记本，我们会真切地感受到所谓记忆是不值得相信的。我们的记忆非常奇怪，它们与事实无关，且总是被一种能使我们的意识感到舒服的方式编辑、存储在我们的大脑中。从这个意义上讲，人的记忆与其说是一种记录，倒不如说是我们自己的本质性体系更为恰当一些。如此说来，如果我们过去所做的所有选择，都是些"对的事情"，或者是"如果没做，可能就会出大事"的事情，那么，从今往后的生活，是否会更有价值呢？现在，在这个时刻我们所做的一切选择，都将成为服务于一个美好结局的、宿命而又必然的过程。

我决定今晚不到外面去吃饭，却执意要叫一份炸鸡外卖。我今晚的选择，或许也是那样一种宿命而又必然的过程吧。

19

幸福是一场战争吗？

　　不久以前，我得知有一个品牌服装正在举办回馈特卖（family sale）活动。即使没有听到这个消息，我已经感觉我的衣柜里连一件可以穿出去的衣服都没有了。于是，我向社区的朋友们打听，终于找到这家公司的员工家属，并煽动一些对此没有一丁点兴趣的朋友一同前往活动现场。其中有的朋友甚至还为此请了月假（每月可以请假的休假制度）。万万没想到，这家公司的员工家属出奇地多。

　　活动现场人山人海，挤得水泄不通。事实上，在这样的活动现场，从堆积如山的衣物中找出一件自己喜欢的过季服装，无异于一种苦役。不仅如此，结算台前已经排了一条长长的队伍，因此为了结算一件好不容易才挑选出来的衣服，我竟然花了几个小时。

　　朋友们个个满脸倦容，简直惨不忍睹。她们

本应待在家里，度过日常的闲暇时光，而把她们拉到服装堆积如山的地狱里的，恰恰是我本人。真是无颜面对她们。

一直在为此事感到自责的我，在第二天遇到了逆转的情况。前一天在甩卖现场经历了一场肉搏战的她们，竟然向我发出邀请，要我和她们再去一趟。她们异口同声地告诉我说，前一天拼死拼活买回来的衣服，回家一试，果然不错。

"虽然累了点，可真是太有意思了。"

这是她们一致的意见。原来，她们非但没有怪罪我，反而在真心感谢我。

也许，我们那天购买便宜货而省下的钱的价值，比起我们付出的体力劳动来说，根本谈不上什么。"一定要从那堆衣服中找到几件自己心仪的、最多可打一折的衣服。"这样的目标肯定使她们的肾上腺素泉涌而出；而在终于找到几件满意的服装时，她们的体内也一定分泌出大量多巴胺荷尔蒙。

考虑到肾上腺素可以使人充满活力，而多巴胺荷尔蒙可以使人感受到快感这一点，那一天我们确实是"非常幸福"的。

通常情况下，幸福常常被描述为在安静的日常生活中静静地晒太阳的场面。大家普遍认为，没有任何事情发生，而充满平和的日常便是幸福。这和那天无异于一场战争的活动现场之间，存在着天壤之别。但如果从进化论的观点上考虑，人不是一种可以在没有任何事情发生的平和之中感受到幸福的生物。实际上，人的幸福感，是在向某种新的事物挑战时，大脑给予人们的礼物。多亏了这种礼物，我们才得以找到可延续人类的各种对策。因此，要想让我们感到幸福，就必须不停地出现需要我们勇猛进发的目标。就像成为我们那天的目标"物美价廉的服装"那样，这个目标也许只是一些琐碎的事情。

距离青春越远，来自生活的剧烈痛苦就越会减少，但现在，我却感受不到二十多岁时所感受到的幸福。因为新的目标、必须实现的目标等都在减少，需要解决的问题堆了一大堆，但它们并不是我真正的目标。

现在，趁着被埋葬于义务中窒息之前，我们是时候去寻找属于唯我的目标了。明白了这一点的人，要么去学一样乐器，要么去学跳舞、烹饪，或者是去学习摄影技术等。他们将在实现每一个目标的小小转折点上，体验到不妨称之为幸福的感情。

前些日子我不惜展开肉搏给家人淘来的衣服，已被我们穿在身上。当时实现的这个小小的目标，使我得以时时回顾相应的成就。从现在开始，我该去寻找那些不需要刷信用卡的目标了。

20

家里没有我的位置

　　我的职业特性使我很难区别对待家里和单位，这也使我的日常显得有些邋遢。但由于老公对这些事情练就了超强的忍耐性，因此我家的分担家务政策几乎可以说是失败的。除了间歇性地刻意安排老公参与家务的特殊活动（？）以外，所有的家务几乎都要由我一个人去完成。

　　准备晚餐，吃完了饭要洗碗、收拾厨房，这一系列的过程，需要几个小时全身心投入才行。刚吃过晚饭以后，浑身变得软绵绵的，如果这时不管不顾，就势躺在沙发上歇一会，那么就会在不知不觉中睡过去，一觉就过了午夜。如果是这样，一直到第二天晚上，我都得被迫闻着那残羹剩饭的味道工作，处境狼狈至极。

　　所以，当家人吃完了饭径直走向沙发时，我就会转向厨房。这样洗洗涮涮干了一段时间以后，就会感到腰酸腿疼。我想着到客厅休息一下，可每当进入客厅，我都会因扑入视线的风景而震惊。

老公和女儿两人，横平竖直地躺在拐角形蔻驰沙发上。这套沙发原本可以坐得下四个人，可现在，仅有他们父女两人在享用，沙发上已经没有了我的位置。父女俩要么专心致志地看电视，要么埋头鼓捣平板电脑，完全意识不到在他们前面走来走去的我的存在。父女两人根本就没有考虑过给我留个地方，他们俩的躺姿是如此心安理得。在这种情况下，即使我要求他们给我让个地方出来，估计也腾不出多大的地方。完成了一天的工作，本想和家人共处一室，可这块空间已经满员了。虽然只是一闪念，但那一刻，我确实感到非常孤独。我觉得，在世界的任何一个地方，都没有属于我的位置。

直到不久以前，我应对这种孤独感的方式都很拙劣。我要么成为一个在家里徘徊的浪子，在房间里四处闲逛，看看是否还有什么家务活没干完，要么直接奔向卧室一走了之。尽管我不大情愿直接告诉他们我此时此刻的心情，但心里还是想着以某种方式给他们提个醒。可是，根据我至今的经验，只要你不主动提出来，天底下能意识到你的反常心理的人是极为少见的，而我的家人恰恰就是那种没心没肺的寻常人。哪怕是我说起我的心情，他们都不大可能听得明白。这种家庭成员之间的人际关系实在是太微妙了。

　　某一天，当我干完家务活，感到身体实在是过于疲劳，需要立刻躺在沙发上稍事休息。那天我也不知道自己是出于什么想法，勉强把他们父女二人分开一点空隙后，一屁股把自己塞了进去。这样一来，被我压在屁股下面的腿脚和脑袋，才稍微挪动了一下。我终于给自己找到了一个容身之地。原以为没有我的地方的空间里，属于我的空间实际上一直是存在的。在和家人贴身进行座位抢夺战的过程中，我也不知不觉地和他们嘻嘻哈哈开起了玩笑。

　　即使结了婚或者家人就在身边，但很多人仍然感到孤独，却拒绝承认这一事实。婚姻生活，并不是说你将从此不再孤独，而只是应对孤独的方式发生了变化罢了。后来我终于找到了如何应对每天晚饭以后的孤独的方法。我不再可怜地认为自己被家人排斥在外，而是首先扑向他们的怀抱。哪怕缺乏理解和共鸣这一艰难的过程，也要彼此贴身一处与他们共呼吸。无法简单用语言表达出来的亲情，就是在这样的过程中产生的。我以为，从根本上讲，人是孤独的。但人们之所以还要组成家庭，也许正是为了战胜这种孤独。

　　从那天开始，我放弃了自我怜悯或自尊心之类的东西，要么直接大声要求他们让开一点，要么干脆坐到他们身上去——因为我要是轻声细语地说话，他们根本就听不到。我就是这么找到自己的位置的。

　　最近，我可是找到了更好的方法——我为自己添置了一张安乐椅。现在，每当完成日课，我便会自然地走向我的安乐椅，坐在早于我在沙发上休息的家人旁边。尽管我仍然时时感到孤独，但一直会努力克服它们——就像上面说的那样堂而皇之。

21

倚老卖老
正是你老了的证据

有一次，在高速公路上驾车行驶时，我曾见过一辆贴着"新手上路，请多关照"标识的车辆。

"我不行了，你先走吧！"

在战争片里，我们经常可以看到一个负了重伤的士兵这样悲壮地命令不忍离他而去的战友的画面。我看到那辆车时，突然联想到这类电影里的画面，笑得险些撞到别的车上。贴上新手标识，无非是在明白无误地向路上车辆传递这样一条信息："我是一个新手，不能快速行驶，您还是赶紧超车，赶您的路吧。"至今记忆犹新的是，那天坐在我车里的人，没人因那个新手笨拙的驾车技术而感到不快，而是愉快地笑了起来。此后，也许是我已对那醒目的"新手上路，请多关照"标识有了免疫力，再看到时便不再笑得那么前仰后合了。

前不久，我正在狭窄路面的临时停车处等候公交车，这时，从一辆临时停靠在那里的轿车里传出一段对话。坐在车里的人，为了抽支烟，已经把车窗摇了下来。车里的人看上去大约五六十岁的样子，可他们说话的声音还是蛮高的。

"停在前面那辆车上贴着什么？看着好像是'新手上路，请多关照'。"

"不是吧？我看着怎么像是'我已经不行了，你先走吧'。"

"没礼貌的东西，胆敢不使用敬语！"

"就是啊。真是到了世界末日了。"

"现在的小年轻还真敢胡来。"

直到他们的同伴买回东西坐到后排座位上，两位老人依然在对前面那辆车上的标识不依不饶。他们离开以后，我不得不认真反思前面那辆车上贴出来的标识，究竟哪部分那么无理，以至惹得两位中老年人如此气愤。他们即使不喜欢上网，但至少也应在黑白战争片打出的字幕上看过类似的场面。哪怕稍微类推一下，他们都会产生共鸣，也便成为可以理解的幽默了，但对他们来说，那个标识的意义已经不重要了。因为那块标识牌没有使用郑重的敬语，以表示对他们这些上了年纪的人的尊敬。

"我已经不行了，还请您先走一步。"

在他们看来，新手上路的时候，至少应贴出这样的标识，才能让见到它的长者心安理得。总之，原文企图传递出的核心含义变得并不重要。

　　几天前，我遭遇了与此类似的状况。

　　在 SNS 上，只要有人跟帖，我基本上都会以一种亲切的语气和他们交流。有一次，有人不停地向我发问，我不好视而不见，只得耐心地一一作答。可没想到，最后跟上来的帖子却是对我的训斥。跟帖的人认为，我的回答十分无礼，因此他很不高兴。我只好回过头，把跟他的对话重新浏览了一遍，却怎么也看不到给人以无礼之感的语句。在如今这个时代，完全没必要因在 SNS 上的失误而引发口舌之争，所以我便把这段对话内容发给几位朋友，请她们指点一下我究竟错在了什么地方。可她们也和我一样，如坠云里雾中。

　　最后，大家集思广益，终于总结出这样一个结论：跟帖的人年纪比我大，而我并没有在帖子上以"先生"等敬语称呼他。SNS 是一个超越了年龄、性别、国籍的虚拟社区，也正因它超越了诸多的局限，才获得了使用者广泛的好评。而这个网友，尽管在使用这种交流工具，却依然放不下自己作为长者的面子，私下里还希望得到特别的"礼遇"。让人感到奇怪的是，这位网友并没有更换头像，也没有在基本信息栏上填写个人的性别、年龄等信息，这样一来，也便没人能判断出他的实际年龄。事实上，作为 SNS 这个虚拟社区的基本礼节，网友理应贴出自己的头像，而违反这一约定俗成的规则的，恰恰是他本人。

美国的人际交往专家莉儿·朗蒂（Leil Lowndes）用"侍者规则"（waiter rule）这一专门用语来说明成功人士处理人际关系的秘诀。莉儿·朗蒂称，据她观察，越是社会地位高，且熟练掌握驭人术的 CEO，就越不会显出想要受到侍者尊敬的态度。莉儿·朗蒂甚至指出：粗鲁地对待侍者，却又想要从他们那里得到尊重的人，只要认为自己处于优势地位时，便会对任何人颐指气使，因此希望读者对这类人敬而远之。这类人，除了顾客身份以外，便没有什么值得摆到桌面上，且人品也不够成熟，所以才会做出这种举动。如此看来，莉儿·朗蒂所言确实有几分道理。

对我来说，那些仅靠年长便想得到他人尊重的人，也和那些粗鲁地对待侍者的人没什么两样。

这样的人除了生活过程中逐年增长的年龄以外，他们从来没有占据过优势地位，自身也没什么价值足以使他赢得别人的尊重，而且连体谅他人处境的度量都没有。正是这种人，才会倚老卖老。

事实上，仅靠年长于他人就想获得尊重，这恰恰证明他已经老到了骨子里。我认识很多看上去显得比同龄人年轻的中年人，他们身上唯一的共同点，便是从不拿年纪说事。他们之所以能做到这一点，是因为他们本身并不重视自己的年龄。他们忙着专注于自我成长，专注于自我的内心，几乎没时间去关注自己的年龄。也许是由于这个原因，我从这些人身上发现了这样一些共同点：如果有人问他们多大年纪，他们基本上不会直接告诉你，转而告诉你说自己是哪一年出生的。我认为，他们可能不经常数自己的年龄，慢慢也就忘记了，所以才会这么回答。

上年纪是一件令人讨厌的事情，而有的人却每年都会掰着手指头数自己的年龄，这二者之间真是矛盾得很。心怀深深的矛盾，却拒绝和日新月异的世界交流的人，无论他的实际年龄多大，都已经老到了骨髓。

伴随时间的足迹一路前行，和被岁月的痕迹所埋没，这二者之间存在着天壤之别。努力避免以年长为由获取他人尊重，而以自己本身的价值受到尊重，这便是我为自己确定的生活方向。

22

省来省去，
到头来变成一堆垃圾!

我轻易不会去买餐具之类的东西，可在上一个"黑色星期五"那天，我却盲目地觉得也该买点什么，又听大家都说，马克杯很便宜，于是贸然买了一套很贵的马克杯。我属于那种很容易听信别人的人。

新的马克杯送到以后，我把以前使用的杯子统统丢掉了。丢掉的主要是那些银行或新开张的餐厅等作为促销品赠送的。家里人看到我用新的马克杯喝水，喝咖啡，显得有些吃惊。他们认为，新的马克杯理应在有客人的时候拿出来用，如果平日里乱用，一旦打碎了怎么办？当时，我只用一句话便把他们的担心给顶了回去。

"省来省去，到头来变成一堆垃圾!"

这句俗语听上去不雅，可我至今还没能找到一句金玉良言，能用来替代这句语感强烈却又意义含蓄的老话。我的见识随着年龄的增长而增长，"省来省去，到头来变成一堆垃圾！"这句话逐渐变成了我的信条。

如果有什么吃的东西，我会先挑那最好吃的部分吃；如果买一件衣服，我有时也会到小区的便利店去买；如果有了餐厅的优惠卡，我不会等到一个特别的日子再去，而想方设法尽快去把它消费掉。要是有什么人送了我一套好的化妆品，我会尽可能趁着它新鲜的时候，立刻开始用起来。即使是别人送我的价格昂贵的香水，我都不会专挑外出的时候使用，只要高兴，哪怕是在洗手间或床上，我都会噗噗喷上两下。

因为省吃俭用不止一次地让我造成浪费现象。把好吃的食品收起来，等回头再吃，结果食品要么变质，要么被别人抢了先，而我连汤都没能尝到。有些漂亮的衣服，总是要在特殊的外出日子穿，结果由于过时，都羞于穿着它们在小区里走上一圈。尤其令人气愤的事情是，即使不穿，岁月的流逝也会让衣服自行衰朽。把餐厅优惠卡小心收起来，结果忘了有效期而不得不作废，这种事情怎么总是在我身上发生呢？觉得别人送我的化妆品用着可惜，于是便留起来等待送人的机会，结果过了有效期而不得不扔掉。我甚至眼睁睁看着香水日渐蒸发掉的惨剧。无论是什么东西，最大化它本身价值的方法，便是当你刚刚得到它，或你最想获得它的瞬间享有它，而不是等待其他恰当时机。

　　词典上对这句俗语的解释是："比喻过于爱惜某种东西，有时反而容易失去它，或变得无法继续使用。"而我适用它的范围则比这更广一些。无论是人还是青春、人生，如果一味"省"下去，其价值就会消失。在从年轻的时候开始一直观察到现在的人当中，那些唯恐浪费了自己的人生而尽可能最低限度地去尝试或体验的人，都被一一淘汰掉了。反而是他们曾经嘲笑的那些人，也就是那些不停地尝试看起来不着调的事情，从而无端"浪费"人生的人，此时倒在展开翅膀自由翱翔。令人不可思议的是，越是"滥用"，可资享受的人生幅度就变得越宽裕。

　　但这种事情并不仅仅局限在年青时代的延长线上。针对所剩无多的青春，哪怕是从现在开始，都要大把大把地物尽其用，才不至于在将来追悔莫及。

　　有一位已经过了闭经期的朋友劝告比她年轻的晚辈，从现在开始，就要给自己物色一个可以在日后参与的义工社团。她说自己见过很多朋友，在退休以后，由于孩子们都已长大成人，没有任何可以帮得上忙的事情，再加上更年期的到来，使她们深陷于抑郁症，浑身乏力，因此备受煎熬。根据她的经验，如果能早日参与到义工团体活动中去，尽早释放自己的能量，转移自己的关注点，那么就可以平稳地度过更年期。

　　在我看来，为了自己而消耗人生，这一过程应该不断重复才是。因为只有消耗掉，才会有新的东西赶过来填补这一空缺。

如果误以为机会在减少，体力已不如从前而畏缩，并害怕去消耗自己，那么人生将越来越快地变成一堆"垃圾"。

老实说，我是属于那种比较懒惰的人。我的行动来得较慢，也没什么值得炫耀的手艺活儿。无论是从生态上还是体力上，我都很弱。哪怕是在二十多岁的时候，我都没有因为工作而通宵达旦。如果一天睡不到七个小时以上，我的日常生活就会变得一塌糊涂。何况我是一个职业码字的人，神经也会变得异常敏感。实际情况如此，所以稍不留意，就会出现"停电"现象，工作效率立刻大大降低。由于这样的缘故，我不得不小心翼翼地消耗自己。

可是，如果每年都提前定好自己人生的"用处"，那么在埋头苦干的过程中，就会在接近年底的时候发现，你的人生消费得恰到好处，而被填补的能量却超出了消费量。你会感觉，越不善加节俭，你的人生就越会变得丰盈。

无论怎么想，都觉得十九世纪的诗人艾德温·马克汉（Edwin Markham）说过的话还是有几分道理的："与其让人生锈掉，还不如让它磨蚀掉来得更好一些。"

但除了关节以外。在我看来，关节置换手术，实在不是一个正常人可以忍受的医疗术。

省来省去，变成一堆垃圾！

23

"过去的故事"乏善可陈

　　去参加展示会或收看电视节目时，我们经常会看到一些在现在的日常生活中看不到的、数十年前甚至上百上千年前的文物。我和老公一看到这些，就会变得兴奋起来，并向女儿说明它们的来龙去脉。

　　"那就是BP机。在过去，只要BP机一响，它的主人就会赶紧跑到公用电话亭回电话。"

　　"我们上学的时候，一个班级的学生超过60名。爸爸的学号是62号。"

　　"妈妈小时候，学校的厕所不是冲水式的抽水马桶。所以呢，那时候还有谣传说，有时会从蹲坑下面突然冒出一只手来，问你是需要红色手纸还是蓝色手纸呢。听上去真是好恐怖。"

　　"现在的教科书都是彩色印刷的，加上有很多插图，看上去真是很漂亮，简直很难和参考书区分开来。爸爸妈妈上学的时候，教科书上几乎没什么插图，而且还是黑白印刷的呢。"

女儿出生于二十一世纪，因此我们以为，把那些超乎她想象的故事讲给她听，她一定会感兴趣的。同时我们以为，通过这些故事，她会明白自己生活在一个多么便利的时代，从而对生活充满感激。可是，每当我们把这类故事讲给她听的时候，她只是做出"哦……是这样啊"的反应，显得漠不关心的样子。孩子每次做出这种反应的时候，我都感觉有些惋惜，觉得她从性格上对诸事缺乏好奇。有时我甚至会想，故事本来是一个有趣的故事，只是她没有注意去听讲，所以才会显得心不在焉。因此，明明知道孩子没什么积极反应，而我和老公依然经常把我们小时候的故事讲给她听。这时，我们的脸上充满这样一种期待："我现在要讲一个有趣的故事给你听。这个故事又新奇，又有教育意义。"

有一次，娘家妈妈到我家来串门。老话说，三个女人一台戏，女人们聚在一起，自然喋喋不休起来。说着说着，我们的话题突然转到了"卫生巾"上。

"别提它了。过去哪有什么专门的卫生巾啊！我们都是把一条布折起来垫着，感觉就跟婴儿垫着一块尿布似的，别提有多别扭了。"

从这件事上开始，妈妈的故事开始源源不断、没完没了地流了出来。妈妈说，过去的天气比现在冷多了，可人们没有大衣穿，所以很多孩子都冻伤了手；过去上学可不像现在这样有校车坐，都是走着去上学的，每天要走上差不多五站地；刚嫁到婆家去的时候，每天清晨起床，用劈柴烧火做饭的故事……我听一半忘一半，期待着妈妈什么时候能换个话题，结果险些精神溜号。我猛然醒悟过来。如果换位思考的话，我的女儿没有任何理由对我小时候的事情感兴趣。上了一大把年纪的妈妈所讲的故事，不过都是些老掉牙的陈芝麻烂谷子，而只有我讲的故事才是令人兴味盎然——天下哪有这样的道理！我以前怎么就没明白这个事实呢？

在下一辈人不知道的时代生活过来的人，往往会相信自己的经验对他们而言，是一种有用的或有趣的事情。但这只是错觉而已。连我们都不会认为，我们大致上明白我们没曾经历过的朝鲜战争时期或李氏王朝时期的生活。我们在不知不觉中消费着那些以各种时代为背景的文化商品，在学校也会学习相应的文化知识，所以过去的事情并不像我们想象的那样陌生。

但尤为重要的是，现在的人普遍缺少对以往诸事的关注。

如果不是我自己亲身经历，从而变成我的记忆中的历史事件，那么无论有多陌生，它们都算不上是新奇的事情。有一次，我曾发现女儿在回忆过去的时候，显出少有的兴致。她发现了一套我们为了她上幼儿园而四处搬家时，曾一度流行的卡通产品。女儿第一次和我讲着过去的故事，开始喋喋不休起来。过去的故事，只有在能够共享的时候，才会避免成为旧调重弹。

从此，我开始反省自己以往那些做法。我在提及比现在艰难的过去的时候，其实是在隐隐地希望女儿能够理解生活在今天的幸运。但我生活在今天的这一瞬间，那些我不曾知道的过去的艰难岁月，与我的当下又有何关系呢？同时代生活于地球另一半的人忍饥挨饿的事实，都没能使我这个衣食无忧的人产生过幸福感，那么已经成为过去的老一辈人的艰难生活，又如何能给下一代带来感恩的心情呢？这种期待实在是毫无根据可言。

人们之所以对以过去时代为背景的电影或电视连续剧感兴趣，只是因为那些只能在那个时代提炼出来的特定状况和情绪，可以提供现代意义上的快乐。这种快乐，只有那些骨灰级的专家通过高超的技巧才能给予今天的后人，而我这个普通人又如何保证能够做到这一点呢？所以，还不如趁早丢掉这样的妄念为好。

随着年龄的增长，人生的价值和能够与下一代人同呼吸共分享的气质息息相关。与其局限于讲述过去的老故事，不如更多地关注通过老故事可以看到的未来，这样才能和下一辈人产生更多共鸣。

　　现在，我既然也已明白了这个道理，就应该努力控制自己想要讲述老故事的"衰老的"欲望。我决定，从现在开始，只和那些过去的人讲述过去的事情。

24

是城府深还是老顽固？

一位三十多岁的后辈曾对我说，看到她二十出头的弟弟说话的态度总是不顺眼。他在年长者面前撸胳膊挽袖子，总是一副趾高气昂的样子说话，觉得这样下去不是个办法。提到这些事情的时候，她说道：

"看来我现在也变成一个老顽固了。"

在逐渐上年纪的过程中，人们会经历这样一个人生阶段：在这一时期，针对世界的唯我的意见变得越发分明，同时开始强迫性地审视自己：拥有年轻时非此即彼的明确意见，看上去与自己的实际年龄并不般配，却令人自得。如果上了一大把年纪的人这样的话，在人们看来则是一种老顽固的做派。在日常生活中，我们会不厌其烦地反省自己，看看自己是否真的变成了曾经最为蔑视的那类人。但实际上，这个过程与其说是在变成一个老顽固，还不如说是在变得成熟更为妥当一些。这或许可以说成是人的城府。

实际上，在生活过程中获得唯我的、明晰的判断准则，是一件非常重要的事情。因为这可以在决定某事的时候节约我们的时间和精力，并使我们把握正确的人生方向。

我认识这样一位企业家，他认为，只要从见过几次面的人身上，每次都能感受到不同的印象，就会断定他是一个秉性不善的人，于是就不会再向对方提供任何机会。当然，他的判断未必和结果一致。因为，那个人也许在和他第二次见面前一天，刚刚听闻亲人的讣告，或者获知孩子离家出走的消息也未可知。他完全有可能因为担心如何凑足因脑出血住院的父亲的治疗费，而做出有异于往常的举动。他也很清楚有这种可能性。即使如此，他仍然把自己的赌注下在自己确信含有更多真实性的命题上。对他而言，几乎没有机会去确认这个给他带来不良印象的人身上究竟发生了什么事情，同时也没有过多的精力用以去判断到底哪一个才是真实的他。他认为，都没有更多的精力去照顾一下老熟人，又怎么会费心去关注一个只见过两三次面、且给他带来失望的人呢。于是，他顺理成章地关上自己的心门，放弃了这个人的可能性。

小时候，曾把长辈的这种以偏概全并做出相应决定的做法看成是偏见。在我看来，带有偏见的人，都是一些老顽固。拒绝推敲世上诸多可能性，而轻易下结论的长辈，看上去真是个死脑筋。

"人人都有自己特殊的情况，所以这个人才会显得有别于他人，我们又如何能简单地把人们归类处理呢？做出这种行为的人是这种人，而做出那种行为的人则是那种人……在我看来，这样的判断实在有失偏颇。"

但现在，我终于明白了。只要把一切例外考虑在内，并抛弃头脑中固有的判断准则，那么这个世界上根本就不会存在所谓的倾向性。在我们所处的宇宙当中，本来就没有什么事情与我们范畴化了的事物百分之百一致。在这个世上，有些哺乳类动物是产卵的，乌鸦也有白色的，甚至还有黑天鹅。如果把人类的范畴化视为偏见，那么所谓哲学、心理学、社会学、文学等也便不复存在了。

城府其实是一种老练的偏见，是在众多经验和深思熟虑的基础上提炼出来的唯我的世界观之集大成；但如果有人强迫别人接受它们，则立刻会变成老顽固。

我九十一岁的奶奶患上了老年痴呆症。前不久我去看望她，可她还是认不出我来，结果在提到我的名字的时候，她才勉强露出明朗的笑容。旁边坐着已经当了她二十多年孙姑爷的我老公，可奶奶还问我结了婚没有。我告诉她说已经结婚了，于是她马上追问我，生孩子了没有。我说已经生孩子了，她又问是男孩还是女孩。我暗笑了一回说，是个女孩。没想到，奶奶发起火来，说一定要生个男孩。

在身体健康的时候，无论我做出什么选择，奶奶从不多加干涉。在我选择了一份看不出能挣多少钱的作家职业时，在我把还没有正当职业的未婚夫带回家里时，她只是露出真心的笑容祝福我。尤其值得一提的是，我的女儿，也就是她唯一的重孙女，她宠爱到了令人嫉妒的程度。别说是让我再生个儿子，就连一星半点这样的意思都没有向我透露过。

了解到记忆完全蒸发、人格出现故障的奶奶潜藏多年的真实想法，我不禁大吃一惊。但也正因如此，我也变得更加尊敬和爱戴奶奶。在长期的生活过程中，奶奶不得不把自己与时代不符的偏见深藏在心底，但由于尊重和相信重孙女的心情更加强烈，因此平生都没有提起有关重孙子的事情。这就是城府。

奶奶的人格让我禁不住热泪盈眶。当我把有关奶奶的故事上传到网上时，大多数人跟帖说，自己也产生了共鸣，并祝愿她老人家早日康复。

"还是得生个儿子才是。"

这不是别的，而正是老顽固的特征。

25

关于精神变老

早在二十多岁的时候，我便了解到随着年龄的增长，人体功能会逐渐下降。连续工作的时间会逐年缩短，喝了酒以后身体恢复的过程也将变得日益缓慢。对于这种衰退，我根本无法做到视而不见。

有一回，在我和堂妹坐车去往某处的时候，曾看到窗外有一群学生走在路上。记得当时刚刚入冬，风已经很凉，可那群学生要么只是在校服上披了一件开襟绒线衫，要么只是套了一件夹克，而走在旁边上了年纪的人，则要么穿着大衣，要么披上了一件加长羽绒服。我问堂妹说，那些孩子们是不是只是因为不冷才穿那么少，而不只是为了臭美呢？没想到，堂妹回答说：

"真的不冷。即使光着腿穿一身校服套裙，也一点都不觉得冷呢。要是套上别的衣服，反而觉得浑身闷得发慌，热得人受不了。我觉得，一过了二十岁，就会感觉到寒意。看来，我现在也开始老了。"

我无法准确想起自己的身体究竟是从哪一年开始衰老的，不过，看样子人在二十岁左右的时候，似乎也会感觉到身体的老化。

可是，我未曾像意识到精神方面的衰老那样明显意识到身体上的变化。

一直以来，我都认为，精神方面的东西与老化无关。我相信，只要是一个优秀的人，就可以永远在生活中保持青春，然后在某一天突然死去。我以为，到了中壮年就已经开始变得固陋的人，都是因为没能及时消化自己的经验才变成那样的。好像并非只有我一个人怀有这样的想法。在各类科幻文化商品中，故事经常被设定为抛弃衰老的肉体，或在一个年轻躯体上安装一副大脑，以期获得永生。这都是在大脑不会衰老的前提下，做出的一种想象。

但最近以来，随着脑科学领域的研究高速发展，出版界推出了大量相关书籍。读过不少这类书以后，我受到了不小的冲击。无数研究结果表明，随着年龄的增长，脑细胞也会出现衰老现象，而决定人格或思维能力等的脑前额叶的功能也会下降。

因此，随着年龄的增长，人们越来越难以接受新的事物，不大听得进他人的话，同时也变得顽固起来。一直以来我们所认为的老年人特有的经验或环境的产物，事实上是老化的结果。

不仅是记忆力等大脑功能，就连看似属于灵魂范畴的人格或品性都在逐年衰退、老化，这对我而言实在是一种陌生而恐怖的事情。我们不是很清楚吗，那些无法产生交感，也很难做出妥协，更难以进行正常对话的老顽固们都是些什么样的人。随着身体代谢能力日益下降，肚子上的脂肪与日俱增，而我们的人格和心灵也在以同样的速度衰老——我实在是不想相信这一点。如果按照这样的状态，那么即使给他配上一副永不衰老的人造躯体，并把大脑移植进去，他也不能以年轻的状态生活下去——尽管科幻片中的永生项目设定，也不是简简单单地把大脑摘除下来移植到新的躯体上，而是把大脑里的内容数据化以后进行升级，以确保大脑的进化。

有一段时期，我担忧眼角的皱纹增多，远甚于大脑的皱纹消失，这让我郁闷至极。就在这时，我遇到了一位久未谋面的朋友，并从此改变了自己的想法。在和这位年过花甲的朋友交往的十多年来，我一次都没有在他身上发现过那种中壮年人特有的性格特征。领悟到这个事实以后，我暗暗吃了一惊。他总是认真把别人的话听完，准确理解自己听到的内容，并做出恰当的反应。他不强迫别人接受自己的主张，而积极接纳别人的意见。他显得与众不同的是，总是喜欢去做上了年纪的人敬而远之的事情，热衷于尝试新的事物。从那时起，我便这样想，人的心灵未必会和生物学意义上的年龄同步老化。

从那以后，我花了一段时间认真下了一番功夫，根据我的调查，人实际上是可以在相当长的时间内保持心灵充满活力的。脑前额叶开始老化的节点大概处于四十岁，可这并不是说，所有的人都会公正地在同一时期开始衰老。正如不经常走路，大腿肌肉就会老化一样，脑前额叶如果不积极运动，就会加速衰老。积极参与运动的脑前额叶，基本上固定在老化开始的四十岁左右时期的状态。

使脑前额叶参与运动的方法，是不停地体验新的事物，进行新的思考。总是生活在相同的场所，并和相同的人进行类似的对话，品尝相同的食物，这种重复的日常生活才是促使我们的精神加速老化的罪魁祸首。

我现在才明白，我所认识的那些"年轻的"老人，总是乐于去品尝以前没有吃过的食物，乐于前往过去没有去过的地方旅游，也乐于培养自己新的兴趣。他们即使看到相同的情况，也努力想要从一个新的角度去观察它们，并努力听取年轻人的想法，反复咀嚼其中的道理，以免遗漏重要内容。大体上看，这种人从外貌上也显得比大多数同龄人年轻。实际上，脑额前叶的老化，也与外在的老化有着很深的关联。要想把自己打造得更加年轻，重要的不是去关注某种特殊病例分析，也不是专注于某种抗氧化食品，而是无所畏惧地接触新的世界，这种努力和勇气才是更加行之有效的抗老化方法。

从我们身边流逝而过的时间越多，就越会逐渐感受到我们正在一点点成长的事实。内心的成长是不以完成为目的的，而只是我们还在生活的证据。这一点尤其令我感到欣慰。大脑仅是人体器官的一部分，因此我希望自己可以尽其所能，以确保自己唯我的价值免遭损毁。

上年纪呢，还是"只上年"，这是一个选择的问题。

26

时间越来越疯狂地流逝

　　我至今还能清晰地记起，小学时期每当迎来寒假时的那种茫然。我总是在期待假期早日到来，但与此同时，那刻毒的无聊又是我必须一个人面对的事情。当时，我们生活的小区里，没有一个和我年龄相仿的小伙伴，再加上我的身体又很弱，性格也很内向，因此不得不一个人在室内度过大把大把的时光。那种时光实在太难熬了，时间仿佛凝固下来。我虽然喜欢读书，但当时，图书非常珍稀，而一个人去市立图书馆看书，路程又过于遥远。众所周知，那个年代，白天看不了电视节目，也没有电脑可玩儿。

　　有一回，我正躺在地板上一个人沉浸在无聊之中，突然妈妈砰的一声把一个沉甸甸的包袱放在了我面前。

　　"给你。有了这些，你的假期该不会无聊了吧？"

包袱里原来是一套长达三十多卷的长篇漫画书。

当时，在人们眼里，经常出入漫画书屋的都是些品行不端的青少年。对于我表露出来的孤僻和倦怠，大人们似乎已经不敢再过多地考虑社会偏见了。

似乎任何人都有过这么一段少年经历：无论怎么拼命玩耍，太阳总还挂在天上；睡了又起，起了又睡，可一觉醒来还是没有变成大人。可是现在，别说是一天，时间在以一周为单位飞快地流逝，周一还刚刚开始，很快就又迎来了周末。牙科医生告诉我说，上次洗牙是在一年半以前，结果回家一查日程表，却惊奇地发现其实那已经是三年前的事情了。我一直以为给正在上小学的堂侄买礼物，是不久以前的事情，可当我听到那个孩子亲口对我说他已经上了中学，便禁不住大吃了一惊。随手翻翻几年前的日历本，上面记录的和某人的约会，就像是几天前的事情那样历历在目。

时间正在以令人头晕目眩的速度飞逝，这似乎不仅是我一个人的切身感受。所有人都在说，"时间都去哪儿了？"，并在分享着每天更新的惊讶。只要看到这种情况，就不难理解时间流失的速度了。好像随着年龄的增长，人们越来越忙，所以才变得如此健忘。我当然会想到，时间就像握在手里的沙子，正在不知不觉中顺着指缝流掉，空留下一把虚无在我们掌中。

可是，年龄越大，感觉时间过得越快，这不仅仅是我们的心情使然。其实，这是一种有着科学根据的现象。

据说，所有的哺乳动物，其心脏搏动的速度，都是随着身体大小和生物周期的变化而变化的。所以，体量硕大的、生物周期缓慢的大象，其心跳速度每分钟仅为三十次，而体量小且生物周期快的老鼠，其心率每分钟多达八百多次。有趣的是，随着每分钟心跳次数的不同，所感受到的时间的速度也会发生变化。心跳速度缓慢，相对而言就会觉得时间过得很快；若情况与此相反，则感觉时间在缓慢流逝。所以，我们也可以做这样的推测：正常寿命为一年的老鼠或能活七十年的大象，它们度过一生的时间感觉大致上是一样的。

而这一心脏搏动法则，据说也完全适用于人类。在身材体量小、生物周期快的少儿时代，人们感觉时间在非常缓慢地流逝。同样道理，等上了一把年纪以后，人们感觉时间的速度正在加快。觉得时间总在磨洋工的时候，我还是一个小孩子，心跳速度每分钟多达九十次。而到了不惑之年的现在，在同样的时间里，我的心跳已经减缓到每分钟七十五次。换句话说，我已经是一个到了对时间的流逝感慨万千、老到"中等程度"的人。如果再过数十年，那么我的心跳可能勉强达到每分钟六十次，而我本人也可能会逐渐习惯时间总是失踪的状况。

我偶尔也会感知到如此飞逝的时间，并试着去体验一下受到某人催促时的感受。

"现在，你所剩时间不多，还是快马加鞭，抓紧时间认真生活……"

我感觉时间正在整块整块流逝，而其价值似乎也在随之减少——就像即将过期而不得不切成大块廉价出售的牛肉，或者是那褐色斑点开始覆盖表皮的香蕉。

但在通常情况下，我有时也会以一种神气的、淡然的态度接受这种变化。虽然时间就像被人偷走，在不知不觉中流逝，但自从长大成人以后，我再也没有感觉到无聊。尽管不知道我的时间究竟被谁偷去甩卖掉了，但对我而言，时间至少产生了"稀有价值"。每天都带着感恩的心情，充满活力地生活，这样的日子逐渐多了起来。随着时间流逝速度的不同，痛苦和艰难的时间也同样转眼即逝，这也是一桩乐事。

最近，对我而言更为重要的是，在一定时间内，给自己制订一个目标，并努力去完成它。举例来说，去年我出了一本新书，又有两三本旧作的版权成功出口，还开始学习中文，并完成了基础课程。我还实现了两年来期盼已久的乔迁。不仅如此，我还新结识了几位朋友。虽然一年光景像高速列车一样飞快地驶过我的生命，但我尽最大努力以证明我处于自己人生的现场，并为此留下了充分的证据。

    对于一个人来说，肯定有像瑜伽训练时那样无所用心的自由；选择不太炽烈的人生，也是一件有价值的事情。但无论大小，没有目标或梦想的人生，随着年龄的增长，将越发变得空虚。

    过去，我曾以为目标、梦想等语，无法和瑜伽训练时间、自由、炽烈等相提并论。但现在，我终于明白，这是有可能的事情。未必由于时间飞逝而跟着它的节奏仓促前行，反而要稳扎稳打，以收获核心的人生价值。这是只属于我们自己的智慧，足以令爱因斯坦的相对论相形见绌。

27

我们自以为是的呵护，也许只是多此一举

我们家现在使用的餐桌，在六年前来到我家之时，桌面上便盖着一张厚厚的玻璃。看上去寒酸的餐桌，不想把它迎进家门，而价格昂贵得又难以承受，故一时委决不下。就在我左右为难之际，一个朋友决定更换一张新的餐桌，便把旧的送给了我，便是我们家如今还在使用的餐桌。用一张玻璃保护桌面免遭划损，或用以遮盖桌面的残缺，这在我看来是理所当然的事情。因为有了这张玻璃，无论洒了多么油腻的汤菜，只要多擦几遍，就可以明净如初，而且也不必担心划损桌面上的原木花纹。

可是有一天，女儿的朋友到我家来玩儿，不小心碰洒了果汁，酿成"严重事故"，致使果汁顺着玻璃和桌面之间的缝隙渗了进去。覆盖在可供六人同时用餐的餐桌上的钢化玻璃，远比我想象

的要沉重许多，仅靠我一个人的力量，哪怕连几厘米都无法移动。于是我只好请女儿和她的朋友帮忙，好容易动员了三个人的力量，把钢化玻璃掀了起来。刚看到这张餐桌的庐山真面目时，我吃了一惊。让我吃惊的原因有二：首先，我一直以来透过上面的玻璃所看到的餐桌原木花纹，别有一番韵致，其美丽大大超乎我的想象；其次，桌面上散发出令人震惊的刺鼻恶臭。我用洗碗巾和抹布仔细擦净果汁，把钢化玻璃重新盖到了桌面上，但做完了这件事，我却陷入了烦恼之中。

我第一次冒出想除掉这张钢化玻璃的念头。一直以来隐藏在玻璃下面的原木花纹始终浮现在我的眼前，而在此以前，这些花纹在毫不通风的环境下，不得不长期忍受刺鼻的恶臭。一想到这一点，我就觉得这是不应该的事情。

但去掉钢化玻璃，远非我想象的那样简单。每天一日三餐，不知要有多少汤汁洒在上面，而摆在桌面上用来盛放食物的餐具，又都是些坚硬的器皿，它们都可能给桌面带来划痕，这是不言而喻的结局。我无法判断这个结局是否处于我可以承受的范围之内，何况大小和一张小床相近的那张钢化玻璃的价格很贵。如果结局是否定的，那么为了恢复原貌所要付出的代价也是不容小觑的。

最终，我还是借老公之手，去掉了餐桌上的钢化玻璃——尽管他再三嘟囔我只是在没用的事情上面显示出不凡的手艺。

　　此后过了几周时间，掀掉"保护伞"的餐桌安然无恙。

　　只是无论怎么擦拭，都无法根除挥之不去的恶臭，因此在很长一段时间，我不得不忍受来自家人的抱怨。但不管怎么说，桌面上除了新增的几处伤痕以外，它在保持美丽的原始花纹和作用的同时，还带给我无尽的愉悦。我的家人也称，这张餐桌比想象的要结实很多，能用到现在实在是不可思议。

　　仔细想来，人们追求原木餐桌，本来是为了享受木质材料本身所具有的质感和自然之美的。木匠在制作原木餐桌的时候，已经把它将在使用过程中吸收人们所造成的污染或残损等因素考虑在内了，这才把它拿到世人面前。如果连这都无法忍受，而用一张厚厚的钢化玻璃把桌面遮盖起来，那么也就完全没理由使用一张原木餐桌。在"必福"或"亚马逊"（二者皆为韩国著名家具厂家）工厂车间里，有无数为了成为这张餐具而被人们截掉的木头，如果从它们的立场上考虑，又该是多么委屈呢？

　　每当面对餐桌喝茶的时候，我便会对曾经犯下类似错误的人生进行一番反思。我总是由于担心受到创伤而恐惧走向世界，有时甚至把自己珍视的东西一一包裹起来，以防它们受到损伤。

　　坦率地讲，当我注视着正值青春期的女儿时，我都会想：果真过了几年以后，我是否还有能力收起那张厚厚的钢化玻璃？这样想着想着，便失去了信心。因为自从她以一个世上最脆弱的存在诞生以来，我便一直在看着她，所以很难相信只因她诞生于世上，就可以独自承受来自生活的基本痛苦。仅仅去掉一张餐桌上的钢化玻璃面罩，我便用了长达六年的时间，而且还要为此付出极大的勇气，何况从孩子的头顶上取下保护伞呢？但现在，我在抚摸着餐桌上天然纹理的同时，暗暗下定决心。由于年久使用，餐桌棱角部位的装饰物都已经磨损毁坏，但桌面仍然崭新依旧。如果我没有去掉上面的钢化玻璃继续使用至今，那么这张餐桌将从无机会向世人展示自己与本来面目近似的样子，最终变成一堆废料。即使多了几道伤疤，表面被蒙上油污，它仍在追求美和自我的价值，这才是真实的人生。若想完整地关注这一过程，我需要变得更加坚强才是。

或许，在去掉餐桌上的钢化玻璃面罩的过程中，我已经蜕掉了一直以来使我畏手畏脚的那层外皮。

28

任何人都没资格"絮絮叨叨"

　　不知是在哪里，我曾听说上了年纪的最确凿的证据是："向并不想听取忠告的人，提出他不想听到的忠告。"对此我深有同感。

　　在生活过程中，我们领悟到的事物会逐渐累积起来，而我也能理解想把这些经验和感悟传达给他人的心情。但以为只有自己经历的东西才是真理，并固执地认为它们一定会对别人有用，我实在是不知道这种傲慢的态度源于何处。长期以来，替年轻人思考该如何生活，曾一度是我的职业。即使我可以将各种对策整理成册加以出版，但在他们表示出这样的需求以前，我轻易不会向别人提出忠告。还有，在回答他们无数的质疑时，我总是归结为这样一个结论："你通过亲身体验再次确认的东西，才是最终的答案。"

　　在过去，长者的忠告与信息直接相关。比如

说，二十年前遇到的病虫害他们是如何采取对策的，三十年前那场罕见干旱时期他们又是如何给水田放水的……这些经验之谈，也便是一种解决方案。但在最近，由于人们很容易接触到快速更新的信息，了解到急剧的变化，所以这些上了年纪的人所说的经验之谈，已经丧失了作为信息的价值。现在，上了年纪的人所具有的竞争力，几乎成为难以用语言传达的东西。对于生活在当下的年轻人来说，上了年纪的长者的唠叨，无非是"众所周知的故事令人生厌的重复"。

问题在于，年长者作为唠叨的主体，并非不知道自己正在唠叨的事实。尽管如此，他们仍然唠叨个没完没了。也正因如此，人们才把唠叨视为"老化的征兆"。事实上，这种"不想听到的忠告"的核心，是一种单向性的。对于已经老化了的大脑而言，不可能容纳对方的意见，也不可能换种新的思考方式。因此，新老两代人之间，不大容易达成实质性的交流。在那些上了年纪的人看来，和对方的情感、立场无关，他们想怎么说就怎么说，想说什么就说什么，这就是一种对话。但从接受者的角度上看，这就是一种被人们称为"干涉""管闲事""唠叨"的行为，而这些行为素来不受人待见。

几年前，我曾跟着一帮朋友，到一位大姐家里去玩儿。进得屋里，发现有一个两颊绯红且圆鼓鼓的小女孩，看上去蛮可爱的。原来她是主人的侄女，来这里是为了临时帮忙。那位大姐一边向我们介绍她的侄女，一边说过完这个节日，侄女胖了不少。然后对着那位害羞的侄女提出这样的忠告：

"我经历过了才知道，要是再大几岁，就是想减肥也减不成了。你这还是处于适合谈恋爱的花样年华呢，这么早就开始发胖，如果不采取措施，日后一定会后悔的。所以呢，你一定要努力减肥……"

我暗暗吃了一惊，等到侄女回到房间里，赶紧问那位大姐：

"你侄女不会生你的气吗？身体发胖，她自己是最清楚不过了，而最想减肥的也正是她本人，你又何必哪壶不开提哪壶呢？何况还是当着大家的面！"

"这样才会刺激到她，使她痛下决心开始减肥。我这还不都是为了她好，有什么大不了的？"

我觉得再也无话可说，便闭上了嘴。但事实上，我很想问问她：根本不考虑侄女的感情是否受到伤害而蛮横地提出忠告，这是否真的是在关心侄女的肥胖问题？如果真是这样，她至少应该注册一个减肥专门网站的会员，了解一下相关信息，或者给她一些钱，或者送她几张健身俱乐部的优惠券才是。看到什么说什么，想到什么说什么，而一转身就把自己所说的事情忘得一干二净，这种忠告无异于向弱者进行的语言排泄行为。

在某人错以为上了年纪就获得了可以对人唠叨的资格时，

我们只需把他们看成是只会单方面与人沟通的老年症患者即可。这种人，其实根本不了解他们没资格向任何人提出谁都不想听到的忠告。他们实在是病得不轻。

据说，最近日本社会开始提供一种专门针对中壮年人的服务。这项服务的内容是：当着年轻人的面痛痛快快地唠叨，然后按每小时多少钱的金额付费。

如果你以后真是忍不住想要对年轻人提出诸般忠告，那么我奉劝你给了钱以后再去做这件事情，这才是让对方明白你的忠告物有所值的唯一方法。

29

韩剧为何能边干家务边看？

　　事情发生在我的书在中国出版以后，接受当地媒体采访之时。在几天内，与几十位记者见面过程中，他们提到的最多的问题之一便是"韩国的儿媳妇在现实生活中，真的就像是电视连续剧里演的那样经常受到婆婆的刁难吗"？当然，我的回答是，"并"不是那样的。公婆家对于已婚女性而言，似乎永远都是一个疙疙瘩瘩的话题。尽管如此，电视连续剧中经常登场的虐待狂婆婆和受虐狂儿媳妇，在现实生活中并不多见，这也是事实。最近，韩国的婆婆非但不干涉已婚子女的家事，不在节假日刁难儿媳妇，反而更多地和老伴一起到国外旅行。据说这种颇具现代意识的公公婆婆也不在少数。那么，与当今时代价值观不符、以家长为主导的家族关系，为何频繁出现在电视连续剧中，以至于达到外国人都将其普遍化的地步了呢？

在社会上引导以电视连续剧为首的流行文化的人，本来就是年轻群体。在网络等公共场所发出自己的声音的，大体上也是年轻人，而电视连续剧中的主人公也一概都是年轻人。但在把收视率视为生命的电视台看来，年轻人绝非是占据压倒性优势的"甲方"。年轻人要么一有机会就到外面去玩儿，要么在单位加班工作，因此靠他们是无法保障收视率的。在这些年轻人通过网络收看以往播放过的节目时，真正提高收视率的，恰恰是那些家庭主妇，尤其是那些高龄家庭主妇。这种情况，和那些买来一大堆零食，在电视机前一动不动地收看节目的美国"沙发土豆"（Couch potato，指那些拿着遥控器，蜷在沙发上，跟着电视节目转的人）引领的电视秀市场是不同的。所以，即使是披上最流行外衣的电视连续剧，也会把那些足以令从过去时代生活过来的主妇们信服的价值观作为基础。

韩国电视连续剧尤其给人以亲切感，这一点也和家庭主妇相关。登场人物，总是把已经发生过的事情重复说明一遍，并通过诸多陈词滥调，以便于人们猜出错过的故事情节。可以让人一饱眼福的逸闻趣事一环紧扣一环地上演，但重大的故事情节却没什么进展，因此跳过几个片段再接着看，也不大会影响观众理解事件的来龙去脉。

不仅如此，如果剧情有可能让观众觉得手里正在折叠的衣物比电视画面更吸引她的眼球，那么导演便会适时地安排一场冲突，让剧中人物给对方来一记响亮的耳光，以使正在收看节目的家庭主妇精神为之一振。所以，在收看韩国电视连续剧的过程中，哪怕去往开了锅的汤里加块豆腐，或者是边忙着拖地，边观看节目，也都很容易跟上故事的发展节奏。对于那些想要像看电影那样欣赏电视连续剧的人来说，这样的编排有可能会引发他们的不满。

我曾一度深陷于那些情节紧凑的外国电视连续剧，并通过这些节目体会到巨大的快感。但最近，我也开始稍微收看一些韩国的电视连续剧。即使我在和女儿一起收看节目的时候，因突然想吃口水果，而去拉开冰箱乱翻一气后返回座位，或者是因和老公品评演员的表现而错过了几段台词，电视连续剧节目仍会亲切地原地等候。我常常和家人一起待在电视机前，一边欣赏故事，一边和他们分享其中的喜怒哀乐。从某一瞬间开始，我突然意识到这种能使我感受到和家人在一起的"开放"的便利。不过，这种情况似乎也不仅发生在我一个人身上。从不久前开始，只要到了休息时间就打开电视，收看外国电视连续剧的朋友，陆陆续续地成了韩剧迷。因为韩剧不那么让人费神。有的朋友甚至开玩笑说，"生了几个孩子，好像已经老眼昏花了，连画面上的字幕都懒得看了"。

　　无论是否在外面有份自己的工作，韩国的家庭主妇基本上始终会意识到家务和家人的重要性，即便是在休息时间，她们也很难忘我地投入快乐之中。一想起她们，我的心便会隐隐作痛。不知从何时开始，哪怕什么也不做，只是静静地收看电视连续剧，她们也会感到阵阵空虚。对于她们而言，好在能在这一时刻，感受到那么一丝超越了年龄差异的同志之爱。也许，就在今天晚上，我可能也会在不停地做着琐碎的家务活，偶尔瞥两眼电视连续剧，只是我希望，尽可能别再让我看到那些和婆婆发生矛盾的片子。我希望看到这样一些婆婆：在日新月异的现在，这些中年家庭妇女，即使是上了一定的年纪，也不会轻易去干涉子女们的人生，而以潇洒的态度去享受自己的生活。

30

挑老公和挑外套的共同点

自从几十年前和老公开始谈恋爱至今，这还是他头一回让我如此心旌摇动。

"一至二折优惠大甩卖""回馈特卖（family sale）""黑色星期五大甩卖"……

几天前，我听说平时留意过的服装品牌正在进行促销活动，于是前往现场，想给自己添一件冬季大衣。在几个小时里，我在试穿了足有五十件之后，终于从中选出一件。到家以后，我开始反复咀嚼着"胜利的喜悦"，重新欣赏我的战利品。花这么少的钱，买到了一件质量这么好、这么中意的大衣，这不能不说我还是独具慧眼的。我为此感慨不已。这样边欣赏边感叹了一阵以后，我突然从刚才那千辛万苦寻找唯我的服装过程中，感受到了某种歧视。这种感觉，难道不是和许多年前我与老公约会前后的情形相仿吗？

看到别人穿一身大衣在街上走来走去，觉得

所有大衣的款式也就那样，没什么特别之处。可是，当一个人认真去挑选那件属于"自己"的大衣时，就会发现在百万件大衣中，每件的设计风格都不尽相同。她会明白，以为大衣的款式也就那几样的想法是错误的，因此也不能胡乱给自己挑选一件。

大致浏览一遍的话，我们就会发现，商场里看上去似乎摆出了很多商品，但如果认真查找，我们一时还真找不到那么一件足以让人立刻掏腰包的商品。与此相反，在那些看去似乎没有什么东西值得购买的地方，有时反而会选出那么一件一眼就能看上的大衣。不过，我们在前面所提到的场所里，能够挑选出合适商品的概率远高于后者。这是理所当然的事情。

第一眼看上的大衣，原材料和填充物自然都是高级的。虽然私下里也会认为这件大衣可能贵一些，但价签上面的数字，常常会超过我们的预期。但大家都认为不错，客观上讲布料也很高级的大衣，未必就适合我。这可以说是人生一大不可思议之处吧。

在质量属于中上等的服装中，如果款式符合，且又合身，那么这件衣服便是最适合自己穿着的了。只是有一点需要记住，无论价格多么低廉，都不应该挑选一件下品。因为一旦带回家里，从第二天开始，你就会后悔起来。

是买一件一眼就能看上的个性十足的大衣呢，还是买一件款式平平却能穿很久的大衣呢？这是每次挑选大衣的时候，最伤脑筋的事情。从客观上讲，似乎后者的选择才是正确的，放

124

弃让你心动的大衣，并不是一件容易的事情。有人甚至向我提出忠告说，哪怕穿一次就不能再穿出去，人的一生当中至少也该穿上那么一回一眼相中的大衣。

有趣的是，那些让你觉得不会有人购买的、看上去怪异的大衣，事实上也会被人买走。所以有人才说，人生就像是一只万花筒，里面什么"景儿"都有。

如果有人问我，自己"真是看上了一件大衣，哪怕有盲目之虞，也都想买上一件，该怎么办"时，我会提出这样的建议：在售罄之前，还是赶紧买上一件吧！因为在购物过程中，能遇上一件一眼相中的大衣，其实也并非是一件容易的事情。但如果有人在挑选准老公时，提出相同的问题，我却不能给以同样的回答。因为老公和大衣不一样，他无法退换。

退货、换货、退款、修复、折价出售……这一切都不可能，所以老公一旦选定，那么就连那些我们在选择之初未能及时发现的秉性，也都要一起承揽下来。即便如此，这个被我们称为老公的大衣，穿着穿着，总还有那么几个地方让你觉得舒服。因为你穿着这件"大衣"，不会生出穿着一件新衣或穿着别人的衣服时所产生的遗憾。

这个周末，我该用蒸汽熨斗烫一烫我这件"大衣"，然后带着他一同上街。

31

你一周做几次？

我曾从一对关系疏远的夫妻那里，听到这样一段话：

"如果丈夫对性爱过于冷淡，那么他很可能是一个同性恋者！"

他们提出一种怪论认为，不"出柜"（coming out）的同性恋者，为了享受正常的社会生活，有时也会和一位女性结婚。因为即使感受不到性欲，他们也能维持性关系，所以他们首先会让妻子怀孕，然后趁着妻子怀孕、分娩阶段性欲下降之际，诱导她们赞同这样一种观点："没有性爱关系是一件理所当然的事情。"

可是，我有理由认为，还真无法简单把这看成是一种奇谈怪论。《金赛报告》（*Kinsey Reports*）中提到，无论古今中外，"性少数（sexual minority）"的比例，大致上占整个人类的百分之十左右。十人当中，有一人是"性少数"，在这个不低的占比当中，没有一位是我的朋友。在我们的传统文化中，出柜便意味着被社会宣判死刑，所以，这也是可以理解的事情。

可更令人感到吃惊的也正是这样一种现象，即在和一位同性恋老公一起生活的过程中，作为妻子的女性在从没有感到任何不便的情况下，可以维持婚姻生活！这不能不说是韩国令人感到百思不得其解的性文化。

在一部英国影片中，有这样一段场面：一位和丈夫共同生活了长达十五年之久的妻子，有一天突然向丈夫提出了离婚要求。丈夫大吃一惊，当然反问她这究竟是为了什么。对此，妻子的回答是："我不再爱你了。"让我震惊的是，那个丈夫对妻子这句话的反应。

"啊？你怎么可能带着这样的想法，和我过了十五年之久？"

他们夫妻俩立刻办理了离婚手续。

在这里，我试着把相同的场面引入韩国电视连续剧中。如果妻子宣称不再爱自己的老公了，于是向他提出离婚要求，那么韩国的老公会做何反应呢？

"爱？胡扯些什么呢！没事干的话，赶紧洗洗睡吧。"丈夫说不定还会露出一丝冷笑。

十之八九的韩国老公，大概都会做出这种反应。

在韩国的社会文化中，长期生活在一起的夫妻之间如果产生超出家人之爱或同志之爱的感情，是一件令人羞耻的事情。这种观念根深蒂固。这可以说是生活在这块国土上的人们还没有完全摆脱封建的社会关系的有力证明，因为婚姻依然属于家族或部落交往的一种手段。在封建时代，和妻子谈情说爱的丈夫，一向被人们视为缺心眼。

性荷尔蒙过了有效期之后依然听之任之，那么所谓爱情便会无限冷淡下去。在理所当然地不把妻子视为一个女人，也不把丈夫视为一个男人的社会环境里，夫妻之间当然不可能维持爱情。因为爱情的首要条件便是把对方视为异性，而就连这一最基本的条件也都被消灭了，人们又如何能够完美地维持爱情呢？

性欲这一基本欲望依然留存在体内，而实际上却并不能发挥正常作用，这不能不让人深深怀疑自己是不是一个正常的人。也正因如此，只要一感觉到气氛融洽，韩国人就会相互问起这样的问题：

"你每周做几次？"

我不妨在这里先提示一下性医学专家给出的权威答案：如果一年当中性生活次数少于十次，那么他们当中有一人肯定属于"性冷淡（sexless）"。如果性生活次数还小于这个数字，那么已经超出了正常范围。不过，每个月勉强做一次，也并非是一件值得庆幸的事情。

我以前曾读过一位实际存在的法国老人的日记。其中写道：在妻子死后，这位九十高龄的老爷爷先后曾和多达四位情人分享过性爱。日记中尤其翔实地记录了他住在一位年逾八旬的老情人家里时，每天和她做爱四次的奇迹。这不是一个关于法国男人精力旺盛的故事。日记中还记载了他本人曾接受过前列腺切除手术的事实。这件事告诉我们，尽管年近百岁，可他依然怀着一种把对方视为异性的情怀，这才使他们之间的性爱得以可能。

可在韩国的实际情况呢？

几天前，曾有一位刚结婚没几天的女孩子问我，过了四十岁的人还会做爱吗？可以随便开玩笑的中年男人的嘴里，经常会说出这样的话来："跟家人不能搞那种事情"，以这种调笑的方式回避谈论和妻子之间的关系。把上了年纪的人视为性欲和性本能（eros）遭到阉割的人，这种视角反而会批量生产出非正常的性文化。

我希望天下女人始终向自己的丈夫提出"把我视为一个女人"的要求，同时自己也始终努力把丈夫视为一个男人。唯有如此，性爱才可以成为在和爱情相关的氛围中进行的行为。有一个妻子在厌倦丈夫提出的性爱要求的情况下，不得不违心同意和他做爱。于是丈夫这样调侃道：

"把你这上了一大把年纪的大妈视为情欲对象，你该千恩万谢才是。"

我们不妨去考察一下无数的犯罪案件或相关报道。男人可以在幼童或老年之身，甚至动物或水果上获得性快感。如果没有爱情为前提，性可以说一无是处。

还有，我希望天下男人能够调动起所有的爱情和诚意，把"那件事"干好。一位活跃于地下状态的性关系研究男性专家——他的名片上印有"插入专家"的头衔——曾这样断然说道：只有把"那件事"干好，彼此才能心满意足。

把性欲视为人类仅次于食欲、睡眠欲、排泄欲的基本要求，却甚至都没想到要终生和自己的配偶做这件事，这种情况不能不说是值得我们反思的。

32

老公成为家里的人气王该有多好！

　　女儿还在上小学的时候，我曾带着她和小区七八位朋友及他们的妈妈一起到郊外玩儿，并在那里住了一夜。要想带上孩子们的爸爸一起去，赶上他们的休假时间并不容易，所以我们这些妈妈便决定单独行动了。孩子们在度假村里跑来跑去，肆无忌惮地玩着水枪。而我们这些妈妈，则聚在一起不停地往嘴里塞东西吃，同时开始侃起大山来。

　　在那个森林密布、空气清新的地方，孩子们忘情地玩耍着，仿佛明天就是世界的末日。看着他们如此放松，其实也是一件相当有趣的事情。要是在家里，不管妈妈们说什么，孩子们一定会依旧我行我素，两眼睛继续死盯着智能手机。可是现在，他们连一眼都不瞧一下各自的宝贝手机，反而在这看似没什么可玩儿的地方，自发地组织起游戏活动，玩儿得不亦乐乎。

到了午后光景，我偶然听到一个依然乐此不疲的小男孩对旁边的孩子说的一句话：

"今天是不是很开心？要是和爸爸一起来，该……"

尽管只是一刹那，但我对孩子们生出一丝隐隐的歉意。我本以为，那个小男孩接下来该说，"有多好啊！"或者是"爸爸也该非常开心的"。可事实上，他接下来说的话却是：

"一点都不好玩儿了。"

"没错。"

"就是嘛。"

那么，在孩子们成长的过程中，他们和父亲之间究竟发生过什么事情呢？我不禁陷入沉思之中。

在孩子更小的时候，由于育儿、家务完全占据了我的生活，因此我根本顾不上和孩子挥汗如雨地做游戏。而代替我调动浑身解数，让孩子笑得前仰后合的，正是我的老公。和能给孩子提供一个安稳港湾的妈妈不同，爸爸可以让孩子体验到虽然危险却很有趣的世界。就是这么一个孩子，不知从何时起，开始逐渐和爸爸疏远起来。这一变化，和语言交流重于肢体交流时期的到来大致上是一致的。

几天前，女儿难得地在晚餐时间唠叨起在学校里发生的事情。女儿说，学校刚刚举办过一场合唱表演，而他们班由于特殊情况没能参加，所以只是坐在下面观赏同学们的演出。

"……所以，我们班同学只好在下面观战。不过，二班的同学们改编了歌词，把班主任的名字也加了进去，听上去实在是太搞笑了。他们班还得了一等奖呢。"

"哇，真是奇思妙想。所以他们班得了一等奖吗？"

"也并不全是因为这个原因。因为还有比他们唱得更好的班级呢。"

这时，我的老公参与我们的对话之中。

"你们班呢？你们班得奖了吗？"

瞬间，餐桌上空有一股冷飕飕的气流开始盘旋起来。

"我刚才不是早就说过了吗，我们班没参加演唱会……"

爸爸丝毫没有留意倾听女儿说话，这个事实让她无比失望，脸上露出沮丧的神情。可是，我的老公仍然出于应该多和孩子交流的义务感，继续说些没用的废话。

"原来这样啊。那么，得了一等奖的班级唱的是什么歌啊？"

"合唱的时候，是不是还有人出来伴舞呢？"

"你们班没有参加，是不是觉得很郁闷？"

……

我不得不赶紧找机会，趁着正处于青春期的女儿爆发之前，打断老公的话。

我一位朋友，丈夫素以烹饪手艺远近闻名。遇到类似情况时，她则会长叹一声，告诉他不懂的事情就不要乱讲，接下来的抱怨便会像开了闸门的洪水一泻而出。

"周末在网上查菜单，孩子喜欢吃什么做什么，这固然是好。可你这并不是出于孩子的立场上对他表示的关怀，而是出于你自己立场上的关怀。做了一大堆菜，孩子直嚷嚷吃饱了，可你还是不停地劝他再吃点。昨天也是，孩子都说过八百多遍已经吃饱了，可你硬是撑他，到底还是让孩子哭了起来。孩子委屈得在那里哭个不停，而我呢，该洗的碗碟堆了一大堆……我也想哭啊！为了家人下厨做饭当然欢迎，你的所作所为我们都欢迎，可问题在于你根本就没有站在我们的立场上考虑问题！"

有些父亲用了一生的时间，却没能学会倾听他人的对话技巧，这样的父亲对于刚刚学会试着和这个世界交流的孩子们来说，简直就是一堵高墙。孩子们需要的是共鸣和理解，可这些父亲要么无条件强迫孩子们接受他们自己认为好的东西，要么在没有倾听对方的前提下，开些自以为是的玩笑。他们不觉得自己的行为又有什么不妥，只是一味地认为为了和孩子亲近，自己已经付出了努力。如果其他家庭成员发现了问题所在，想要说服他们，他们立刻就会说道：

"做也不是，不做也不是，真是麻烦。"

　　"要是和爸爸一起来，该一点都不好玩儿了！"也许，说这话的孩子们一定联想到了他们的爸爸在和家人一起去玩儿时的所作所为。那些父亲，要么会因无法和其他孩子的父亲亲近起来而搞得气氛冷清，要么为了打破这种尴尬的局面跟在孩子的屁股后面跑来跑去，结果反而妨碍了孩子们自己的游戏。如果有那些父亲参加，妈妈们就不可能坐在度假村卧室的地板上，随心所欲地闲聊……那些爸爸们未必能意识到这一切。

　　这些爸爸，只要掌握了一定的信息和利害关系，他们之间就可以相互产生作用。这些爸爸已经非常适应这种社会关系，因此在与社会关系性质不同的家庭里面，总是做些使他们失去人心（？）的行为。

　　随着年龄的增长，女儿也已经能够发现父亲身上所缺乏的彼此感染的能力。多亏了她，最近以来，我已经成为家中最受欢迎的人。可这一点都让我开心不起来，我实在是想把我家里的人气王位置转让给老公。

33

我也不想和别的女人讨厌的男人
过日子

　　事情发生在地铁车厢里。看见我身旁出现了空座，原来并排坐在对面的女孩子们赶紧坐了过来。对面的座位和我身旁的座位看上去没什么两样，可女孩子们为什么不顾回家路途上的疲劳，偏偏要坐到我旁边的位置上呢？我好生奇怪，于是静静地倾听她们在说些什么。果然，她们之间的对话，详细地说明了她们坐过来的理由。

　　"又挤又热，还那么味儿，险些喘不过气来。总算可以透一口气了。"

　　"也不知那些老大叔的身上究竟是什么味儿？"

　　"不知道耶。一点都猜不透。"

　　现在，她们仿佛轻松了许多，脸上带着惬意的表情，开始聊起天来。看着她们，我的心情变得复杂起来。因为她们坐都不愿意坐在他们身旁的那些"老大叔"中，有一人是和我生活在同一屋檐下的。

虽然不是所有中老年的男人身上都有味儿，但他们当中，大多数人身上却真的有味儿。在公共场所，我也曾不止一次惊愕于他们身上的体味儿，鼓足勇气远远避开他们。刚刚度过青春期的少女或活动量大增的年轻男孩儿，他们身上的体味儿已经够让人受不了了，这种体味儿的来源是十分明确的——那是荷尔蒙和汗味儿。可是，从上了年纪的男人身上散发出来的恶臭，实在让人摸不着头脑。他们自己或许会说，是因为上了年纪而变得懒惰，疏于洗浴，才导致身上有味儿；也有的人解释称，是烟酒成分通过身体新陈代谢作用，以汗液的形式发散出来造成的。还有一种说法认为，人的耳后存在一个卫生死角，而上了年纪的男人经常粗心大意，不认真擦洗，所以才会散发出那种味道。甚至还有一种说法认为，是因为吸烟和老化，导致进入肺部的空气未经彻底过滤，便被呼了出来。而最近的研究报告则指出，肠胃不好的人，呼出的空气会散发出一种异味。

不管是出于何种原因，只要在外面备受中年男人身上发出的恶臭折磨，回到家里我便会跟老公大吵一番。然后也不管他身上有没有味儿，硬是把他推进浴室，令他仔仔细细洗净自己的身体，有时甚至会提前往他明天将要穿出去的衬衫衣领和腋窝处喷上香水。我担心这个和我睡在同一张床上的男人，引起某人的厌恶，或让人敬而远之。

老公下了班回到家里，吃过饭以后通常都会躺倒在沙发上看一阵电视节目。遇到这种情况，我偶尔会无言地盯着他的脸孔看上一会儿，不是由于他像那酒足饭饱的浪漫大使，"明明是在盯着他看，可还是想看多他一眼"。我是在确认他的鼻毛是不是又到了该剪的时候，或者是想确认他的脸上或耳孔里是不是长出了让人不明所以的长毛，又或者是想确认他是否忘了擦润肤霜，以至于脸上翘起的角质花白一片……对于老公，我实在无法理解的是，每天早晨出门时明明对着镜子刮过胡子，可他完全不知道在自己的脸上究竟发生了什么样的变化。

我时常因此而恼火。长到这么大，再长下去就该往老里长了，可他连自己都不会照顾，以致害得我不得不在旁边一一帮他，简直没道理可言。可如果弃之不管，听之任之，就极有可能像那无人照料的庭院，很快就会被杂草淹没。我作为他的妻子，最后只好举手投降。有时我不禁想到，如果放任男人于不顾，他们就会自己慢慢养成好习惯，那么"鳏夫身上的味儿"这一习惯说法又是从何而来呢？

有时，一些上了把年纪的有夫之妇向我表示说，在她们看来，在老公身上还要花费那么多精力，简直是难以理解的事情。

"把老公装扮得帅里帅气的有什么好处？要是一不留神，出去和别人搞到一起怎么办？"

果真会这样吗？

我的主要读者大多是些年轻女性，自然会经常和年轻女性接触。也正因如此，我很清楚她们在心里是怎么看待各自上了年岁的上司的。对于上司在午餐后嘴里发出唿唿的声音，进行口腔清洁的举动，令她们倒透了胃口；而当她们看到自己的上司，连续几天穿着洒了菜汤的裤子上班，禁不住望而却步；当她们不得不面对面向上司汇报工作时，他们鼻孔里冒出的长长的鼻毛，总是分散她们的注意力；虽然装作不知道，但当他们在洗手间里办完了事，连手都不洗一下就大摇大摆走出来时，她们会感到浑身战栗。

这些女孩子差不多都有一句口头禅：

"真不知道您是怎么和那种男人生活在一起的。"

如果有那么一个男人，由于成为女人嫌恶的对象，以至于根本不需要担心他出轨，那么我也不想和这样的男人一起生活。这和唯恐被人偷了去，而不敢买件漂亮的外套，而只是披着一件褴褛的衣服走来走去有何区别呢？

何况令人意外的是，无论男女，出轨或对异性的吸引力，和外表仪容没什么直接关联。趣味、价值观、环境、人性等因素给异性带来的影响远超人本身这些因素。如果只是因为装扮得更干净一点，而可能导致他移情别恋，那么无论你在旁边如何努力，你的付出终归还是要付诸东流的。

既然想起了这档事，今晚该趁机好好给老公做一番体检了。我得查查老公最近是否洗净了耳后部位的死角，刷牙的时候是否也把舌面刷上一遍，洗发液用量是否足以把头发中的油脂洗净……

看来，在我的此生当中，不得不在享受当中去做这件苦差事了。

34

夫妻俩偶尔到酒店开房

在不经意间，我了解到明洞（位于首尔中心地带，是韩国代表性的商业区）一带有家特级酒店正在大幅优惠的消息。尤其吸引我的是，该消息称，前来住店的顾客可以一整天自由享用酒店俱乐部酒廊（club lounge）里供应的食物。刚好再过几天就是我们的结婚纪念日，我找不出任何理由不给自己预订一个房间。在不是去旅行的情况下，把女儿一个人丢在家里而和老公去酒店住宿，我这还是有生以来的头一回。

在长达近二十年的自由职业生涯中，我一直都是那种计划性比较强的人，这一点可能有异于我给人的印象。一本书完稿以后，我在四处游荡的时候，也是带着一定的计划的。这次和老公一起到酒店开房，也是提前做好了缜密的日程安排。

入住酒店以后去吃午饭后上的点心。

在酒店房间里休息一小时后，到附近去购物。

购物回来，可以点午茶菜单上的食品。

在房间里休息，然后去吃晚饭。

回到房间后，吃鸡尾酒单上的食品。

到附近影院看夜场电影。

睡觉。

早餐。

在房间休息一会儿，然后去退房。

老公看到我列出的日程安排，笑着感叹道，"真像是监控工作人员的日程表"。

事实上，自从我们开始谈恋爱，这种为期一夜两天的短期旅行，实在是再熟悉不过了。同样经常光顾的购物街；世界上无论在哪一座城市，都相差无几的酒店；每天都在面对的面孔……既然如此，这次旅行唯一值得期待的便是敞开肚子大吃一通了。

在我们简单整理行装，准备出发之际，女儿不再像十几年前那样和我们纠缠了。

"你一个人在家没事吗？奶奶晚上会过来陪你的。"

"没必要特意让奶奶过来陪我。我一个人睡也没关系……"

"那也是啊。晚上一个人睡，你不害怕吗？"

"一点都不害怕……您还是好好去玩儿吧。"

　　跟我所担忧的不同，女儿的表现好像是在说，我们在不在家没什么两样。女儿现在的年纪，已经足以使她和我们相安无事——只要我们不烦她。

　　于是，我们开始了往返于酒店房间和附近繁华街区、计划性很强同时又散漫的行程。坦率地讲，我所期待的是不需要考虑打扫室内卫生，或给家人做饭，而能彻底休息这件事。我的期待不比这多，也不比这少，而仅仅是在彻底放松的前提下休息。可令我意想不到的是，这种放松还真是有趣。明洞这个地方一直都是人满为患，所以以前一来到这里的那一刻，我便想着赶紧回家。然而这次，明洞向我展示出它的另一种面貌。一想到只要觉得有些累了，就可以到近在眼前的酒店休息，疲劳感反而减轻了许多。我也可以带着成为一名游客的心情，进行一番"橱窗购物"（window-shopping）。仔细想来，和老公一起在这熙熙攘攘的明洞街区漫步，已经是 N 多年前的事情了，以至让我想不起任何有关细节。谈恋爱时期老公给我买第一件礼物的购物中心，如今已经变成了 SPA 品牌卖场。我像二十年前那样，挽着老公的胳膊，和他一起在拥挤的街道上穿行，并给他挑选了一件衣服。

　　那天吃得也很好。我们俩使劲吃，等吃饱喝足了，这才开始东一句西一句地聊天。

我们按照计划，吃饱了休息，休息好以后再吃，然后到附近的影院去看夜场电影。我们还是头一次明白，位于人流如潮的繁华街区的影院里，前来观看电影的人士如此之少！由于这个商业区仅在白天才会人流涌动，加上停车不便等因素，所以就连"约会族"似乎也对这里失去了兴趣。我们在空无一人的影院里，坐在为恋人们专设的座椅上看电影。而这种恋人专用椅，我们还是头一次接触到。只是这场电影看下来，并不像电视剧里的富翁和自己的恋人包下专场观看电影那样浪漫，我甚至感到有那么一点害怕。即使大门突然关闭，偏执狂传递的死亡信息出现在屏幕上，我也丝毫不会感到奇怪。在电影开始播放以前，我们为了驱散那种阴森可怖的氛围，拿出手机自拍。我们以空荡荡的影院为背景，偶尔也摆几个做作的姿势，也曾在以一颗红心为靠背的恋人专用椅上，模仿一对难为情的恋人。无论如何，我们都想把自己正在拍摄的影片拍成浪漫、滑稽的作品。后来，在观看自己的杰作时，我靠在老公的肩膀上，短暂地体会了一阵回到恋人关系时的感觉。

然而，看完了电影走在回酒店的路上，感觉周围更加陌生了。刚才还摩肩接踵的人流，不知何时已经踪影不见，街面上除了我们二人，再也看不到第三个人，仿佛一部讲述地球末日的影片里的某个场面。

饮食综艺、恐怖片、浪漫喜剧（romantic comedy）、惊悚片、灾难片……那天，或许是由于我们经历了过多不同类型的电影场面，反而想不起在影院里真正观看过的电影都是些什么内容。只有一点是实实在在的：在熟悉的地方，和熟悉的人一起度过的那一天非常特别，这一点有别于我的期待。

　　当然，"开房"这个非日常用语中也包含着这般那般的歧义，但这种短期旅行带给我的异样的喜悦，其实远远超出了它有可能造成的损失。

　　在一切都显得陌生的旅途上，人们不得不集中所有精力面对外部世界。但是，在自己熟悉的环境里，仅仅更换一两种要素来一次慵懒的旅行时，却会把注意力集中在同行的另一个人身上。换句话说，会在同一个人身上体验到不同的感觉。比如，我那天想起我为什么会和老公结婚。很久以前，当我不得不和老公短暂分离时，我会变得抑郁起来。我不想和他分开，只想和他永远待在一起，所以才会和他结婚。而现在，待在一起的日子，只会让我们厌倦，于是每到休息日，我们便会各自到外面去，寻找属于自己的趣事。而这一次，我们俩相伴进行的短期旅行，暂时给我们找回了被遗忘的记忆和感情。

　　当然，如果猜测老公可能也会产生和我相似的感情，那可就大错特错了。我现在对这一点再清楚不过。我的老公一定只是觉得，酒店里的寝具很舒适，那天的食物也很好吃，而且没什么行人的夜幕下的明洞街区十分新奇……即便如此，又有何妨呢？只要我觉得好就足够了。

35

家务，宁可分担也不轻言放弃

　　在有本书即将完稿那几天，我忙得晕头转向。那天，我做完了一天的工作，来不及歇口气，赶紧下厨房煮饭炒菜。等吃过以后，这才觉得疲倦袭来。但我知道，如果那时把碗筷丢在水池里不管，先在沙发上躺下来休息一会儿，恐怕在上床睡觉以前就起不来了。我不得不拖着沉重的身体，起身去清洗它们，收拾厨房。干这些家务的时候，我突然觉得实在是太累了，大滴的眼泪扑簌簌掉落到橡胶手套上。饭菜是我做的，吃是大家一起吃的，为什么还要我来收拾厨房？更何况我不是一个全职家庭主妇，我有一份正当的职业……越想越郁闷，越想越委屈。看着慵懒地斜躺在沙发上，心安理得地收看电视节目的老公，我恨不能提刀把他杀掉。

　　虽然程度可能有所不同，但只要是一个参加工作的已婚女人，恐怕任何人都会产生过那么一两次和我相仿的情绪。这种情况的发生不无道理，曾有人针对韩国的双职工家庭做过一番调查，结果数据显示，妻子做家务的时间超过丈夫八倍之多。这个数据表明，参加工作的妻子做家务的时间，和全职太太几乎没什么区别。事实上，女性多分担一些家务的情况，在西欧国家也是一样的，但在韩国，妇女承担家务的比重尤其大。那么，为什么唯独韩国的老公几乎不做家务呢？

首先，这要归因于韩国社会要求家长要承担起家庭"责任"。韩国男人普遍认为，为了家庭的生存发展，自己应该承担起责任——也不管他是否有这个能力。所以，他们会认为，妻子所做的事情是有限度的。实际上，由于韩国的劳动力市场环境的畸形发展，大多数女性需要同时承担育儿和社会工作。也正因如此，她们自知所做工作限度，经常半途辞职。而对于男人来说，"家务总归是要由妻子来承担的事情"，只有在自己心甘情愿的情况下，才会主动搭把手。因此，家务事几乎不可能成为他们的事情。

其次，生存在韩国这个社会是一件严酷的事情。有固定的上班时间，却没有固定的下班时间，所以韩国的职场人属于在全世界工作时间最长的群体。哪怕牺牲一切个人生活也在所不惜，也要把事情做得更好更强，唯有在这种价值观支配下，韩国的社会组织才能正常运行。如果有人提出"我该去接孩子了，得提前下班"，那么他将被视为绝不可委以重任的人，这就是韩国的现实。在工作当中，消耗了过多精力的韩国职场人，只要回到家里便想躺下来休息。只要情况允许，恨不能把事情推给别人。而由于韩国的社会文化背景使然，女性普遍在家务上更多地意识到一种义务感，如此一来，女性自然而然主动承担起家务事。

最后，由于韩国的社会文化普遍认为，男人和家务之间是一对相克的存在。现在的韩国中年男性，都是由这样一群母亲抚养长大的——在他们的儿子还是个小男孩的时候，她们便恐吓他们说："男人下厨，鸡鸡落地。"在那个时代，学校是只针对女学生传授与家务相关的知识的。对从小到大一直做下来的人来说，家务活仍是一项繁重的工作，更何况韩国男人自小便被告知，"家务不是你该干的事情"呢。

尽管社会环境造成了重重阻碍，但我依然建议韩国的女性，应尽可能劝老公参与家务。我当然也在这么做。坦率地说，我是越忙越累的时候，就越不会让老公帮忙做家务。试图说服他，问他什么时候可以帮着做做家务，并确认是否忘记了做家务这码事……在这个过程中我需要耗费的精力，远远超出我直接完成家务所需的精力。何况，这些事情都属于我还有精力和心情的时候才能付诸实施。在我的此生中，承担家务看来是一件错事，奈何我还在努力承担这项工作，原因恰恰是为了老公。

无论是在任何一个组织，不参与组织内部工作的人，永远都不会成为这个组织的人。我们把那些不参与活动，而只在活动外围提供帮助的人称为赞助人（Sponsor）。而所谓赞助人，一旦出钱的事情结束，那么你和他之间的因缘也便就此了断了。

从不参与家务工作的家长，只能自然而然遭到家庭的排斥，这不是由于哪一个其他成员采取了什么措施。其理由也正在于此。从一生的长度上看，社会工作只是人生的部分内容而已，但家庭生活却是生活本身，将贯穿生命始终。不仅是为了我们自己，或为了我们各自的老公，夫妻之间理应在一定程度上尽早共同分担家务。

我也放弃了——我不建议其他女性试图改变老公，以使他们理所当然地把家务当成是他们自己的事情。因为这是不可能的。如果有哪一个女性的丈夫果真能做到这一点，那也只能说明这是她的幸运。值得推荐的一种方法是，在逐渐说服、赞扬的过程中，尽可能试着让老公参与家务而已。

没错，这确实是一件又累又烦的事情。但无论如何，尽可能在自己选择的环境里，努力找出最佳方法的人，才算得上是一个成熟的人。

36

不要让家人猜谜语

有一天，我去一个很远的地方做了一场演讲，已经是身心俱疲。回到家里，看到女儿把卧室搞得一塌糊涂，不禁火冒三丈。那一瞬间，我就像往翻滚的汤锅里添一勺凉水，强按住心头怒火，循循善诱道：

"妈妈今天去做了一场演讲，现在已经是很累了。我真想把屋子收拾干净，然后好好休息。你能不能帮我把这些、那些，还有那边那些东西收拾好？"

在平日里，只要我要求清扫一下房间，她便会嘿嘿一笑，含含糊糊推诿过去。这就是女儿一向的表现。可是那天，女儿却与往日不同。她回答我说："我看完了这本书，稍后就去做。"她不像往常一样推脱，而对我的要求立刻做出积极的回应。看到她的表现，我反而吃了一惊。于是沉下心来，认真思索我当时的做法，与过去究竟有什么不同。

我筋疲力尽，是不是看起来好像马上就会倒下去？是否只是因为女儿当时的心情好，兴之所至，想帮我做做家务？我假设了各种情况，并和现实一一对照，终于得出了如下具有积极意义的结论：

我具体地说出了我的愿望和理由。

回过头来认真思考，我才发现，在更多的情况下，人们总是不善于直接表达自己的心中所愿。在和上面提到的情况相仿的时候，很多做母亲的人——其实我也——会怒喝一声："怎么搞得乱七八糟的？！"并发神经似的开始动手打扫。事实上，更多做母亲的人，经常会用行动和情绪替代自己心中想说的话，并希望这样孩子们就会有所觉悟，主动帮着她们清扫卫生。可是，看到这种情形，孩子们别说是想到自己该帮着做家务，反而会认为："妈妈怎么又这样啊？是不是无缘无故又在对我发脾气呢？"孩子们的逆反心理被激发起来，反而陷入惶恐之中。

在很多情况下，我们都会认为："即使我不说，到了这个份儿上，你是不是该明白了呢？"但这种做法只会导致彼此更加心烦的状态。事实上，人们读不懂对方心理的程度，远甚于彼此对对方的期待。

本来，是用暗示的手法说话，在处理人际关系过程中是十分有用的。从历史上看，那些一下子就捕获了听众心理的演说家，总是模棱两可地说明摆在眼前的事情，这也是他们特有的技巧。而要想吸引异性，那么采取暗示的手法几乎成为必要的表达方式。在社会生活中，暗示法也是一种自我保护的手段。可是，家人之间，这一套东西又有什么用处呢？在像丛林一样严酷的现实社会中，为了生存拼死拼活地完成工作后回到家里，我们本应在这里安心休息，或者得到保护。在这样一个空间里，理应有一种语言无须双重或三重解释，彼此之间也应心有灵犀。

尤其是在和老公进行交流的时候，我也经常会遇到未曾领会到的语言的原型。只有去除隐喻和象征，用实质性的语言填充所有空间，才有可能进行正确的交流。结婚以后过了很长时间，我才明白这个道理。一句话，在家庭里，你的家人没有"眼力见儿"的程度，几乎到了让你发疯的地步。

现在，我们不再需要一个人自怨自艾，错以为"这个男人不再对我有兴趣了"，或者抱怨他"怎么如此不懂我的心"，我们反而应该及时把自己的心理状态准确地传达给对方，并向对方发出明确的指令：

"我现在很郁闷，就想吃点好吃的东西。咱们一起去吃顿大餐吧。"

"我现在开始要骂人了。你要无条件站在我这边。我们女人这样骂上一通，气就消了一大半。"

"今天我太累了，不想说话。从现在开始，你问我什么我也不会回答。你可别怪我。"

刚开始试着这样做的时候，也曾觉得"难道我甚至还需要这样说透吗？"，也会担心他可能会觉得我的表现有些怪怪的。但事实上，这不过是我在杞人忧天而已。老公说，明确告诉他该干什么、怎么做，没道理不高兴。

实际上，由于无法准确解读他人的心情而觉得尴尬的男人，当看到妻子发火或抑郁时，常常不知所措，结果一个人在那里着急。以前我一直以为，既然让我郁闷，那至少也得让老公尝尝手忙脚乱的滋味，并绞尽脑汁去寻找答案。可前提是，老公必须在混乱和痛苦中找到答案我才会感到解气，而老公只会感到慌乱紧张，却轻易地放弃了寻找答案的努力。然而，自从我不再给他出谜语以后，一切变得非常顺利。我会直接指出他错在哪儿，为了挽回他所犯错误，该如何尽最大努力。虽然是强按人家给你磕了个头，但只要看到他努力想为我做些什么的样子，我的心情就会豁然开朗起来。好在做这些事情的时候，老公似乎也学到了不少东西，后来再遇到类似的情况，大体上还是能做出适当的反应。当然，你需要无数次重复才能获效。

"我这会儿正拧巴着呢！很烦很生气，还不赶紧解读我的心情，帮我消消气？"我现在再也不会以这样的方式，向老公提出无言的要求了。尽管一直以来我生活在过多的隐喻当中，所

以虽然不大容易，但我还是在坚持修炼"直截了当地交流"的
本领。

　　嗬！原来如此！

37

花草和家人，永不能放弃

　　我有诸多不拿手的事情，其中首屈一指的是养花养草。明明是一盆绿意盎然的花草，可一旦到了我的手里，没几天工夫就会枯萎发黄，快快然毫无生气。虽然我也会上网查找相关信息，也会及时给它们浇水，可就是养不好那些花草。其中原因至今不明。我的朋友们感到好奇的只有这么一个事实：我养的花草轻易不会死掉。几个月，或者几年才到我家来玩儿一次的朋友们，脸上难掩惊讶的神情，不约而同地发出惊叹："上次来的时候，看它病快快的，竟然活到了现在！"如果一定要找出我家养殖的花草拥有如此顽强的生命力的秘诀，那也许是因为我的"懒惰"——尽管我不大确定。

　　在勤劳的生活型的人看来，家里养殖了一盆枯萎的观赏植物是一件非常犯忌的事情。如果想尽了办法，结果还是看不到任何好转的迹象，就会把它扔掉了事。而我一向认为，处理"植物的尸体"是一件非常令人棘手的事情，避之唯恐不及。因此，我会继续让它们待在原来的地方，并按原来的做法继续给它们浇水。可没想到，在遭受了这样的虐待以后，那些快要死掉的植物枝头上，又开始冒出新芽来。遇到几次类似的情况以后我才明白，植物的生命可不像我们想象的那样脆弱，说完就完。所以，现在我不再抛弃家里养的花草，而只是耐着性子等待着它们复苏。

我经常领悟到，在处理和家人之间的关系时，也有很多方面需要具备像对待植物那样的耐心。结婚之初，老公过分的沉默寡言，险些让我患上抑郁症，而女儿直到快上小学的年纪时，性格依然十分内向，看到生人时，要么躲起来，要么被吓得哭出声来。这些事情，在我当时看来，无异于是"死掉了的植物"。刚开始的时候，我还试着用笨拙的手艺剪掉枯死的枝杈，并将它们连根取出来，再给它们换只花盆，然后施肥浇水……如此折腾我自己和它们。可是，尽管我付出了各种努力，它们的样子仍不见起色，所以我便想把它们一丢了之。

当某一天，我突然明白自己的错误时，我觉得自己应该像养观赏植物那样耐着性子，给家人更多的机会以修正自己的不足。静静地守望着家人，看着他们哪怕有一点积极的变化倾向，我就会像给花草浇水那样赞扬他们。我不再由于他们没能像花草那样及时变得"一片葱绿"而焦急，哪怕在快要干枯的枝头上还挂着那么一两片叶子，也会原原本本地接受现状。这样坚持下来，不知不觉间猛然发现家里的观赏植物长高了许多。当春天来临，有时它们会突然变得枝繁叶茂。在不知不觉中，老公和我交流的时间多了起来，而女儿也不再和人拧着来，顺顺利利地步入青春期，成长为一个善于沟通交流的少女。

我相信，在家人之间的关系中，潜藏着和植物相仿的生命力。表面上看，似乎已经死掉了，没有任何挽救的可能性，但我们仍然不应顺手将其抛弃，而应耐心守望、按期浇水。这样坚持下来，你总有一天会得到意外惊喜。新芽穿透坚硬的树皮需要很长时间，而冒出枝头的嫩芽是那么丑陋，展开叶片的过程又是那么缓慢。不把观赏植物连花盆一起扔掉，而耐心等待它涅槃重生——能做到这一点的，正是你的家人。

最近，我几个月前买回来的绿宝树的叶子又开始发蔫了，也不知我又做错了什么。从外表上看，它已经接近干枯。但我还想一如既往地定期给它浇水，这样一直等到来年春天。

38

为什么一孕傻三年？

刚才，我从卧室里走出来，到厨房傻站了很长一段时间。我怎么也想不起来，我究竟是为了什么事情来到厨房的。那么，推开卧室门走出来的那一两秒间，我的身上究竟发生了什么事情呢？

这类记忆突然蒸发掉的现象，自从生了孩子以后就一直在反复出现。我私下里担心，照这样下去，迟早有一天我会把电视遥控器放进冰箱里。听了我的唠叨，朋友们说："我早就体会过这种糟糕的事情了。"她们宣称，在把自己的血肉分给孩子的时候，连大脑的功能也一起分给了孩子，所以生了孩子的女人只能是一种残缺的存在。一想到这一点，她们就会悲从中来。回想起来，临近分娩时的阵痛，真让人误以为灵魂快要出窍了。如果说，就是在那时，女人的大脑受到损伤，估计也不会让人感到奇怪。

　　但我建议大家一定要记住这样一句话：我们的大脑毫发无损。认为在十月怀胎以及日后的育儿过程中，女人的大脑受到了损伤，那玩笑可就开得太大了。我们的记忆力之所以不如从前，是因为生了孩子以后，需要记住的琐事太多了。

　　脑科学家研究认为，如果同时进行无须高度集中精力的多项大脑活动，人的大脑极易变得虚弱（asthenia）起来，而这种状态会导致大脑在短时间内丧失记忆。孩子一旦出生，需要母亲同时费神的事情恐怕会增加百倍。只要是一个哺育婴儿的母亲，就必须同时记住注射各类预防针和接种疫苗日期、加餐时间或更换尿不湿的时间、应提前一个小时把该洗的衣物放进洗衣机里、还有一天就是公用收费截止日期、放在煤气炉上的汤锅即将开锅……这一切，需要做母亲的人按照它们的时间顺序统统牢记在心里。在这种情况下，大脑没有引起超负荷工作反应，已经是个奇迹了。

　　那么，在我们成为一个母亲的同时，也成为父亲的老公怎么就和从前一样没有什么变化呢？

　　原来，男人虽然可以及时搭把手，但却不必为此过脑。如果我让老公帮忙"转一下洗衣机"，那么，老公至少有十个问题在等着我。

　　"怎么给要洗的衣服分类？"

　　"洗涤剂放哪儿了？"

"这些洗涤剂中，到底该用哪一个？"

"放多少洗涤剂呢？"

"柔顺剂注入孔到底在哪儿？"

"应该转哪一挡啊？"

……

嗡——

他们不想费神去记住琐碎的事情，所以通常情况下，在日常生活中几乎没什么事情值得他们去虐待大脑。

而我却需要在短时间内记住所有事情，同时还要一一去执行。因此，只要回到家里，我基本上就会体验到立刻变成一个傻瓜的奇异的经历。明明能够很好地完成需要注意力高度集中的社会工作，但只要下了班，就会经常把手机当成餐盒放进冰箱里。这就是刚当上母亲不久我们这些女人的日常生活。

这种只有女人才可能经历到的健忘，也和抑郁症有着千丝万缕的联系。据说，这些尽管十分琐碎，却种类繁杂的活动，使大脑变得十分虚弱，很容易让人患上抑郁症。既然了解到这些信息，我们至少不应继续把自己的健忘归责于生儿育女，而应去找到行之有效的解决方案。

在很久很久以前，女人们需要在男人外出狩猎之时担负起守护居住地和孩子们的责任。因此，她们不得不同时在繁杂的事情上费神，还要记住它们，包揽它们。所以，有必要偶尔摆脱把我们推入记忆洪水之中的家庭，走向户外，走向社会。更进一步讲，也不妨定期参加某种需要大脑高度集中的脑力活动，比如培养新的兴趣，或者深度阅读等。把需要用大脑记住的事情记录到阅历台上也是一种不错的方法。

现在，即使家人因我的健忘而奚落我，抱怨我，我都会脸不变色地告诉他们：

"正因为我得记住本需要你们记住的事情，所以我的大脑才在超负荷状态下继续运行，导致这种现象的发生。"

39

最后收拾牛奶盒的人会是谁呢？

　　大概是在婚后过了一两个月光景的时候，有一天，老公指着卧室床头柜上放着的空牛奶盒对我说道：

　　"你是在让牛奶发酵吗？搁在那儿好像有些时日了，什么时候收拾啊？"

　　似乎是在某一天看电视的时候，我喝完了牛奶，顺手就把空牛奶盒放在了床头柜上。不过具体是在哪一天，我还真是想不起来。也不知是出于什么原因，在打扫室内卫生的时候，我竟然没想到要把它收拾出去。而过了一段时间以后，我便摸都不想摸它一回，于是听之任之，视而不见。再后来，干脆就把它的存在给忘掉了。如此一来，那只空牛奶盒，就像家里的床头柜或是电视机一样，明目张胆地把我家一个角落占为己有。

　　听了老公的话，我才想起那只被我遗忘了的牛奶盒。我记得当时我盯着它看了许久，这似乎还是我第一次深刻思考我自从二十五岁那年和老公结婚以来的独立生活。

在结婚以前，哪怕我吃饱喝足，置满桌杯盘狼藉于不顾走出家门，但只要回到家里，它们就像变魔术一样消失得踪影不见。事实上，我甚至都没能想到，这是有人替我把它们给收拾了。作为家里的女儿，虽然我还算得上是一个比较善于做家务的人，但如果我就是不愿意收拾空牛奶盒，我也可以弃之不顾。假设家里有那么一只空奶盒，那么挺到最后把它扔掉的人，一定不会是我。这个人总是我的母亲。

在我捏着鼻子收拾空牛奶盒时，首先想到的竟然是八竿子打不着的"熵定律"（Entropy law）。即所有的事物，都会朝着"熵"增加的方向发展。换句话说，世间万物，只要丢在那里不顾，有用的东西便会变成无用的东西，而秩序状态也将逐渐向无秩序状态发展变化。现在，对我而言，已经没有人可以帮我阻挡我的人生朝着"熵"增加的方向发展的态势了。

"这大概就是标志着我已长大成人了"，这种感悟就像海啸一样汹涌而来。如果我还像小时候那样，把自己不想干的事情放任不管，那么再也不会有人替我去收拾这些烂摊子了。如果我不亲自动手，自己去扔掉那只空牛奶盒，那么那只空牛奶盒，将在此后的十年甚至二十年里仍继续摆在那个地方。我一下子就明白了这样一个现实：现在，我再也不能把属于我生活的事情推卸给任何人。从现在起，必须由我亲自动手解决一切，可我既无知又无能。通过一只空牛奶盒，一次性地体会人生的重量，这种感觉真是微妙至极。

此后，为了阻止"熵"的增加，我在不惜展开生死搏斗过程中感受到更加真切的东西是：终极意义上讲，能帮助我，使我的人生朝着积极方向发展的人只有"我自己"。即使我的老公是那种可以替我收拾空牛奶盒的勤劳、多情的人，最终结局也不会有任何改变。把属于自己的那份责任偷偷推给别人的成年人，他永远都不会过上幸福的生活。

所谓责任，也即意味着自我决定权。查阅迄今为止人类所发现的精神与心灵的法则，便不难看出这样一个事实：无论你是否拥有多么优越的生活条件，只要不拥有自我决定权，那么你的生活只能是不幸的。无论是多么不起眼的一种秩序，只有我们在自己的责任范围内亲自把它创造出来，并在有生之年认为其物有所值，我们才可以被称为人。

年纪轻轻而又帅气的那个小伙子，在我二十五岁那年成为我的老公，但由于缺乏对生活的控制力，我们经常处于混乱之中，因此备感生活的痛苦。如今我已经是一个在世上走过四十三个春秋的中年女人，可依然觉得人生不可理解。只是无论发生什么事情，我都会自信地认为，我可以自己担负起责任。也正因如此，我才能充分品味和享受此时的生活。这并不是说我有着多么值得骄傲的能力，什么事情到了我的手里都可以迎刃而解，而是说我可以从容地放弃无法完成的事情。如果过去的我是一个放弃了选择的人，那么现在的我，则是一个可以选择放弃的人，这二者之间有着巨大的差别。如果说前者是一种增加"熵"的人生，那么后者则是阻止"熵"增加的人生。

至今为止，在我的生活中，需要我亲自动手清除的空牛奶盒依旧堆积如山。人生的作业永远没完没了，我也因此深感不安。但可以带着这样的不安继续生活下去，或许正是年龄增长的魅力所在吧。即使真有神仙降临，并承诺可以把我带回年青时代，我也有信心一口回绝——即使坐在我身旁的黑不溜秋的老头子变回相框里那个白净帅气的小青年。我喜欢现在。

人类的个性化过程，

即从原来的家庭分离出来的过程，

要到四十岁以后才会结束。

——卡尔·荣格（Carl Gustav Jung）

40

是否真有"女人结了婚以后还愿意做的工作"?

我有时会问年近三十岁、逐渐开始厌倦职业生涯,同时开始设计结婚计划的女人:结了婚以后是不是还要继续工作?这时,她们当中大多数人会这样反问我:

"一个女人结了婚以后,难道还有什么她愿意做的工作吗?哪怕立刻让我辞掉公司的工作,去准备结婚我都乐意!"

我多么希望能给她介绍那些藏在某处的职业!可遗憾的是,我总是做出这样的回答:

"我可以断言,没有那样的工作。"

她们所说的"结了婚以后还愿意做的工作",意味着不受时间约束的自由职业,或者是有"幼儿假"(child-care leave)、准时下班、可保障按规定年龄退休的职业。换句话说,这些工作在保障属于个人时间的同时，还不必担心因为怀孕或生孩子而遭到公司解职。可到现在为止，我还没发现这样一种职业。

首先，自由职业并不像我们想象的那样"自由"。在获得一定影响力之前，自由职业者必须付出比职场人更多的时间发奋工作。虽然我的自由职业者身份可能会引起她们的羡慕，但是，当她们开始参加工作以后，每月定期拿到工资的时候，我却要忍受着窘迫的生活和焦虑继续工作。在没有归属感的情况下，一个人默默承受寂寞，这可不是一件容易的事情。在拥有和我类似工作的人当中，依旧独身的人所占比例非常大，只要认真想一想其中的原因，就会明白自由职业者的艰难处境。

前一阵，为了在截稿日期前完成稿件，我拼命工作，结果身体吃不消，终于病倒了。若是趁着病情稍有好转，硬撑着继续工作，病情就会反复恶化，于是干脆打定了主意躺下休息。在那几天，我躺在床上，挑了一套网络漫画（webtoon）一口气从头看到尾。可是，看漫画的时候我才发现，在历经几年时间连载的网络漫画页面，经常贴出"因作者健康状况不佳，暂时停载"的告示。尤其是到了后半部分，这种告示出现的频率越发频繁起来，有时停载时间甚至长达半年之久。以一个病人身份看着这部长篇巨作，那些创作者的健康状况，远比漫画内容本身更让我关注。

其他自由职业者的工作压力也不容小觑，他们几乎都是在以一个打工者身份，一边积累业绩，一边培养人脉和实力的。在把孩子送到幼儿园后的那几个小时里，优雅地工作，其余时间则可以家庭主妇身份生活——做梦的吧——这种自由职业，或许仅存于电视信息栏目中。很多人都是在埋头做自己的工作的时候，才偶然成为一个自由职业者的，而几乎没人为了成为一个自由职业者选择某种特定的职业。

最近一段时间以来，由于劳动力市场的动荡，招聘教师或公务员的门槛陡然提高。据说，其原因之一，是结了婚却并不想放弃工作的聪明女人的数量在持续增加。可是，只要稍加留意观察，我们就会发现，很难说这些工作属于"适合已婚女人从事的工作"范畴。教师是绝不能参加自家孩子入学仪式或毕业典礼的为数不多的职业之一，如果没有什么特殊的情况，绝不可以缺勤。表面上看，下了课似乎就可以马上下班，但除了上课以外，教师还要承担很多杂务，因此并非我们想象的那样逍遥自在。更何况现在的家长可不像从前，在面对他们的过程中需要承受的压力，据说也是远远超乎我们想象的。

那么公务员的情况又如何呢？在我一位公务员朋友的身上发现，十点以后下班的日子不计其数，一旦得到"非常召集"通知，周末也要背着孩子上班。据说，由于备受超负荷的工作压力折磨，最近开始提前退休的公务员也大有人在。

很多女人之所以把教师或公务员看成是"结了婚以后还能继续做下去的工作"，并不是因为这些工作相对轻便一些，而是因为参加了这样的工作以后，"即使结了婚，也不会被辞退"。

有一位朋友在大使馆工作，每天四点她就可以按时下班。由于工作的性质所限，她的工作不属于那种苛求业绩的类型，因此相对来说轻松一些。可是，她生了第二个孩子以后，也还是辞掉了那份工作。另一位在专科医院行政科上班的朋友，也因没有夜班安排和来自工作的压力，一度受到很多人的羡慕。可她同样在结婚的同时，递交了辞呈。

无论相对而言有多么轻松，但只要它还是一份"职业"，就一定会周期性地遭遇需要竭尽所能、尽力坚持的极限状态。女人们继续工作，只是因为她们有继续延长这一极限的愿望，而不是是因为这份工作轻松。

对于已婚女人而言，已经给出了"继续工作还是当个全职太太"这样的选项。在这一点上，韩国女人是有别于男人的。女人所需要的不是"对女人来说比较轻松的工作"，而是促使自己产生比男人更强烈的愿望。

就我的情况来看，我的无能使我觉得没什么别的事情能干得来。生活如此多艰，想要施展抱负是分外之难。当我不想在重重的恶劣条件下带着抑郁症继续生活下去时，我这份工作成为唯一可以逃脱现状的出口，所以我才得以"玩儿了命"坚持下来。

可是最近，我觉得只要动机明确，就不一定非得像过去的我那样悲壮地折磨自己，也能找到一份新的工作。我觉得，在生活过程中所接触和感受到的事情，以及在不知不觉中变得熟悉起来的世界，这一切反而降低了所有开始的门槛。我一位朋友在前不久找到了一份近来受人们疯狂追捧的咨询（consultation）工作，而这份工作，她也是在以家庭主妇的身份度过了很长一段时间以后，在步入不惑之年时才开始的。在担负起教育子女的重任，并把他们一一送进名牌大学以后，她实在是放不下满脑子想法，执意想和更多的人分享它们——这成为她重出江湖的心理动机。还有几个后辈，生了孩子以后也都辞掉了工作，在家里安心务家，在这个过程中对生活有了新的感悟，于是开办了专门针对 working mom 的培训机构。

无论怎么看，这个世上似乎并没有什么专门"适合女人做的工作"，而只有"迫切想要工作的女人"。

41

谁说 working mom 和全职妈妈
是一对敌人？

一位后辈的孩子明年就该上小学了，而她也早早地开始为此操心起来。更准确地说，是陷入恐惧之中。怀孕、生孩子，然后在给孩子断奶后流着泪上班……无数前辈都艰难地迈过了这些沟沟坎坎，可她们没能翻过"幼升小"这座大山，纷纷递交辞呈成为一个全职妈妈。前面提到的那位自称满脑子担忧的后辈，甚至还引用了以前在报纸上看到的企划报道内容，开始向我陈述她担心的另外一些事情：

"学姐，听说全职妈妈们不待见继续工作的妈妈，这可是真的吗？据说，孩子小的时候，如果妈妈们之间是朋友关系，那孩子之间也会成为朋友。那我要是继续工作，我家孩子是不是会被别的孩子排斥呢？"

我从这个后辈的眼中读出了深深的忧虑，禁

不住惊讶起来。全职妈妈又不是什么"一阵会"（校内暴力团体）
成员，怎么会不招人待见呢？

　　坦率地说，在孩子临近上小学之际，我也在某种程度上把
继续工作的妈妈和全职妈妈，视为一对既成事实的矛盾。在全
职妈妈们看来，那些继续工作的妈妈们把她们看成是白痴，处
处显得高人一等；而在继续工作的妈妈们看来，那些全职妈妈们
在嫉妒她们，并在学校刮起一股毫无实际功效的"裙子风"。分
别属于这两个阵营里的女人，彼此心存芥蒂。这是因为她们都
全盘接受了被电视连续剧或舆论抹黑的形象所致。一边继续工
作，一边照顾孩子的女人，和全身心投入家务和育儿工作的女
人，她们的生活样式自然不同，所以一定程度上存在异质感也
在所难免。但在现在这个社会上，不大可能存在那么一个家庭
主妇群体，仅仅由于继续工作而排斥同属女人的 working mom。
我成为一个学生家长以后，在往来于上述两个群体过程中，逐
渐明白这种说法纯属偏见，同时也大致上明白了这种说法之所
以产生的原因。

　　最近的女性，受教育程度普遍提高，因此大家曾经也都是
一个拿得起放得下的职业女性（Career woman）。那些从学校毕
业以后，在不知世间风情的情况下稀里糊涂把自己嫁掉的女性
反而是少数。

所以，与其说嫉妒那些继续工作的 working mom，还不如说更倾向于理解她们。此外，位于和她们相反位置上的女性，她们自己的处境也很艰难，不足以生出蔑视全职妈妈的心情。虽然出于维持眼下生计，和担心成为"经历中断女"（指因怀孕、分娩等原因中断经济活动的女性，或从没有参与过经济活动的女性）的考虑，她们不得不硬着头皮继续工作。但在她们的内心深处，每天都会无数次产生辞职的念头。实际上，她们作为同样的学生家长，更希望和掌握着更多信息与人脉的全职妈妈亲近。

我曾对一个即将成为 working mom 的后辈提出过这样一条建言：不用过于担心，就按照原来的方式继续生活；当然，日后如果继续参加工作，那么应该时刻确认孩子在朋友家里玩的时候，是否给人家添了什么麻烦。如果真的发生了这样的事情，千万别忘了及时向那位妈妈表示歉意。如能做到这一点，就不会受到她们的排斥了。

偶尔也有一些 working mom，对自己的孩子在朋友家里玩，给那家女主人造成的麻烦不以为然。邻居家的全职妈妈本没有义务帮着照看我们的孩子，这是明摆着的事情。可当 working mom 完成了一天的工作，由于身心俱疲，有时就忘了这一点。当然，刚开始的时候，全职妈妈们也会出于好意，尽心帮我们照料孩子，但如果同一件事情反复发生，而且 working mom 又把这些视为理所当然的事情，那么就会开始准备与那家孩子疏远了。把在这种情况下全职妈妈们做出的反应，看成是偏狭的全职妈妈们在排斥我们，这显然是不妥当的。在人际交往过程中，无论是哪一种情况，都应该彼此表达自己的善意，才能维持良好关系。而上面提到的情况，则是把一切推给另一方承担。这种现象，与其说是某一类人的问题，还不如说是有关个人和礼仪，以及尊重的问题更为恰当。在很多情况下，由于这种原因，两个学生家长之间会逐渐产生距离，但无论全职妈妈还是 working mom，彼此和平相处才是新常态。

　　现在，我只想生活在一个不再有"女人是女人的敌人"这种谣传的世界上。由于巨大的收入性别差（Income gender difference），韩国已经在数十年来位居经济合作与发展组织（OECD）第一。生活在这样的国度里，还妄谈什么"女人是女人的敌人"呢？在狭窄的生存空间展开竞争，女人之间发生冲突虽也在所难免，可比女人更幸运一点的男人正在一边观赏着这场战争，一边谈论有关"女人是女人的敌人"的话题。更有甚者，有的女人也对让自己心烦意乱的女人，随口说出这句话来。

　　如果有哪一个女人给你带来了创伤，那也只是那个女人个人的错，而不是所有全职妈妈或 working mom 的错。

在诸多事物都以飞快的速度发生变化的当今时代，全职妈妈和working mom 不是敌对关系，而是应该相互帮助的友军关系。working mom 正在前方艰苦作战，为全职妈妈代为照料的女儿日后能成为一个风云女性铺平道路；而全职妈妈则是 working mom 队伍最强有力的后援大军。

我见过身边很多全职妈妈和 working mom 之间互帮互助的美好的人际交往。当那些 working mom 由于工作关系，真的无法分身时，那些全职妈妈挺身而出，尽心代为照料她们的孩子；而working mom 则在必要之时，利用她们的社会关系和信息网络，给予全职妈妈大力帮助。

在比现在年轻一些的时候，断绝和邻居们交往的生活，让我感觉更舒服、安心一些。但是现在，蒙女儿所赐，我已经和那些半强制性地联系起来的学生家长，也就是人们常说的"小区里的她们"成了朋友，并时时觉得这是一件幸事。虽然有人把我们这样以孩子为纽带联系在一起的妈妈们简称为"玩伴妈妈"，可我至今也不知道究竟谁是我的玩伴。尽管存在这样的矛盾，又有何妨呢？

彼此授受远远胜过吝于授受。能领悟到正是这些事物，才使我们产生了更应充分享受这个世界的想法——此其幸也。

42

Working mom 悲情史

　　在我还上小学时的某个夏天，我们一家好不容易一起出去度假。我正在一条河边和弟弟玩耍的时候，突然传来妈妈的呼叫声：

　　"天哪！我的帽子！仁淑，我的帽子！"

　　我回头一看，妈妈的帽子果然就漂在离我不远的水面上，缓缓随流而下。我本以为跳进水里，很容易就能把妈妈的帽子打捞上来。可是，在我剧烈地沿河岸追赶漂在水流中的帽子时，不小心从一座突然出现的陡坡上滚了下去。那一带没有什么柔软的沙地，到处堆满了石头，所以我当时好像伤得不轻；滚落到地面那一瞬间几乎令人窒息的疼痛至今记忆犹新。我能记住的最后的情形，便是妈妈带着哭腔，在拼命地自责：

　　"都是我的错！那么一顶破帽子，我干吗还……"

　　这件小事过去了三十多年，可是妈妈至今还

在谴责自己，并为此痛心不已。好像母亲就是这样一种难以忘掉那些琐碎事情的人。相对于我而言，这对妈妈更是一个悲惨的事件。

近来，在倾听一位 working mom 说话的过程中，我发现了这样一个事实：几乎所有做母亲的，在生活中都铭记着那么一两件悲惨事件。其中有一个母亲，不小心忘记了这一天是幼儿园休假的日子，于是把孩子放在幼儿园玄关，便到公司上班去了。孩子坐在上了锁的幼儿园门前的台阶上，傻乎乎地等着老师的出现。临近黄昏的时候，幼儿园园长过来取一件忘了带回家的东西，偶然发现了她的孩子，也就是说，在院长到来之前，孩子一个人孤孤单单地在那里坐了一整天。

另一位在银行上班的 working mom，甚至还遇到过这种情况。有一天，本来要在白天过来帮忙的月嫂，不知何故，连个招呼都没打就不来了。偏偏那天她身上带着银行大门的钥匙，因此也不能迟到、缺勤。四处拨打过求援电话以后，这个 working mom 已经是口干舌燥、心烦意乱了，于是豁出去把仍在酣睡的孩子一个人丢在家里，流着泪到公司上班去了。急急忙忙开了门锁，working mom 向公司提交了月假申请，这样忙了几个小时以后回到家里一看，孩子哭着找妈妈都已经哭哑了嗓子。

在我作为一个作家，努力积累业绩的那段时间，我的女儿一直是全幼儿园最晚回家的孩子。直到很晚我才从一个当了幼儿园老师的朋友口中得知，一旦到了该回家的时候，孩子们的注意力就开始涣散起来，转而开始期待妈妈来接他们回家。这句话变成一块尖锐的石头，猛烈地搋进我的心里。看着一个个小朋友被他们的家长带走，女儿全心全意地期盼着我的出现——她那时的样子，至今成为我无法消除的痛苦。

在我看来，抚养一个孩子，绝不仅是妈妈一个人的事情，也不能赞同"所有的女人天生具有母性"的偏见。但在孩子需要的时候无法及时出现，并陪伴着他们，因此而产生的愧疚似乎就是母亲分内的事情。所以，在备受煎熬的怀孕期、根本无法睡个完整觉的哺乳期，那些 working mom 还能咬着牙坚持下来。可是一旦孩子该升入小学，她们便会以此为契机，向公司递交辞呈。因为在这一时期，因妈妈的缺席而给孩子的心灵带来阴影的时间更频繁，形式也将更加多样。

其中，有些人实在坚持不下去，不得已退居到家庭，而另外有些人则继续坚守在工作岗位上，将她们的 working mom 进行到底。包括我在内，所有韩国的母亲都会带着对孩子的深深歉意，但作为一个依然工作着的 working mom，在我看来，其实这一切也不过是人生的一个过程而已。当我用母亲的透镜去观察的时候，以往所有的悲惨事件，不过是我们各自选择的人生道路当中自然而然产生的副产品，而不是具有某种特殊意义的事件，更不是什么对孩子的成长起到决定性的障碍物。

日后，也会有一边哺育孩子一边工作的 working mom，将写出难以数计的育儿过程中的悲惨事件。只要这个正处于过渡时期的社会尚未解决众多现实问题，至少在相当一段时间内，这种状态还将持续下去。但愿那些把艰难的育儿任务和工作重任挑在肩上的 working mom，千万别把它们写成"坏妈妈小传"。

43

过去的我寄来的信

女儿自婴儿时期开始，就很善于放弃。

我几乎没必要重复告诉她什么事情能做，什么事情不能做。在和小朋友们发生争吵时，也由于她这一性格，会经常主动做出让步，以至于人们夸奖她是个有度量的孩子。在类似于那著名的"棉花糖实验"（Stanford Marshmallow Experiment）的状况下，也曾向饼干伸出手去。

而此时，已开始进入青春期的女儿，也会快速放弃与父母之间的对话。刚说上几句话，但只要感觉我不能理解她的心情，她立刻就会放弃对话，把嘴闭上。

上一次的情况也和这相差无几。我正和女儿一起边吃饭边说话，可突然间，她的脸色变得阴郁起来，不再开口说话，只是勉强吃了几口饭，便把剩饭丢在餐桌上回自己的房间去了。我不明所以，于是起身跟了过去，没想到房门已经被从里面反锁上了。我握着门把手，向里面喊道："我可以认真听你讲完，你不妨把你的想法说出来听听。"可里面没有一点动静。

我只得一个人回来，收拾餐桌，可是怎么也无法控制自己的郁闷。我不禁在想，生育后代，对于我们人类来说究竟有什么意义？如果说，生儿育女仅是物种的延续行为，那么，我究竟做了什么事情呢？在生孩子这件事情上，我有什么堂而皇之的资格吗？

我回到自己的书房，想继续我的写作。然而纷乱的心绪，根本不容我开展工作。我只好合上笔记本，翻开了日记。

从很小开始，我便习惯每天写一段长篇日记，但自从登上文坛以后，便偶尔才会想起在日记本上写字了。只有在心情非常好，或者与此相反，在来自各方面的压力积累到实在难以承受的程度时，我才会写日记。由于不是将要展示给某人看的文字，我可以胡乱记下某段秘闻，写下的文字也可以前言不搭后语，反正这些内容也用不着验证。无论什么事情，只要用文字把它们记录下来，那些原以为是重大的事件，反而变得无足轻重；分明是一种两眼茫茫的状态，可一旦写下去，便会看到一些积极的层面。所以，如果在写作的时候心烦意乱，那么我也会通过写作去解开这个心结。

那天，我再次打开日记本，在上面胡言乱语了一通，心情这才镇定了一些。于是，我翻开前一页，去查看上一次写日记是什么时候的事情。我发现，据此最近的一次日记，是在六个月之前写的。我禁不住哗哗乱翻起来，我在想，这么厚厚的一册日记本，我到底已经使用了多少年。就在这样快速翻看日记本的时候，里面有几行用签字笔写的粗体字在眼前一闪而过。我平时不喜欢钢笔在纸面上划过的感觉，尤其是用签字笔写字时发出的沙沙声，更是让我联想到撒盐的声音，所以我总是用圆珠笔写字。签字笔——我真是仅限于在签字的时候才会用上那么一回。因此当我发现那几行用签字笔写的粗体字一闪而过时，禁不住好奇起来："我究竟写了些什么字呢？"

原来，那是几年前我在孩子上小学低年级时写的部分文字。看样子我那天非常幸福，多年以后重读，依然能感受到从那些文字中，似乎映射出灿烂阳光。那时，我的女儿是记住我的生日（连我本人都差一点忘掉了），并且为我准备了礼物的多情而又聪明的小女孩。孩子的可爱让我难以自已，我毫无保留地记录下自己当时灵魂出窍般的心情。即便如此，我也没有掩饰自己从一个前辈那里听到有关"青春期怪谈"时的恐怖。根据这些早于我经历过子女在青春期时种种怪事的"前辈"所言，到了那可怕的时期，孩子身上发生的变化，甚至都会使人怀疑眼前的孩子是否是自己亲生。也有人做证说，到了那个阶段，孩子变得十分陌生，简直就像一只怪兽一般。在写日记的当时，我好像不大相信如此可爱的女儿会变成"初二怪物"（指初中二

年级步入青春期的少男少女）。在那一段落的最后一行，我煞有
介事地写下了这样几个字："日后一定要重读！"然后我在下面
用加粗的签字笔继续写道：

　　日后，无论贤真做了什么样的坏事，也绝不能忘记。我今
天所记的她可爱的形象，这才是她的本来面目。无论多么伤心，
无论多想放弃，也都不要忘了这一事实！

　　这些文字承载着我对自己的叮咛与嘱托，承载着我当时恳
切的心情。读着上面这几行字，我的眼眶潮湿起来。

　　可现在我该如何是好？即使我读了这段文字，仍然无法相
信反锁了门待在屋里的女儿，和我用文字记下的天使是同一个
人。过去我把日记视为时空隧道，并希望通过写日记，来拯救
我的未来。可是现在看来，这种努力算是彻底失败了。我现在
终于明白，为什么在科幻影片中，主人公数次通过时空隧道返
回过去，却无法改变结果。

　　但是，所幸眼前的女儿并没有变成当时我所担心的那种青
春期怪物。女儿仍然可爱，只是以另一种面貌展示了她的可爱
而已。何况女儿在小时候给予我的快乐——除女儿以外，不可
能以任何方式获得的快乐。通过我写下的日记内容，重温我以

往的快乐，实在是一件足以令人感到欣慰的事情。

在和过去的我娓娓交谈之际，从女儿的房间那边传来咔嗒一声解锁的声音。也不知这个声音具有什么魔力，在我心中也传来拉开门闩的声音。

我开始在日记本上给未来的自己留下这样的信息：

"只要孩子带回一个陌生男孩，宣称是她未来的老公，无论是什么情况，你都应该阻止他们。如果看到陷入爱河的女儿，你就不能自持，那可就错了。自我决定权之类的东西可以尽情让她享受，除了结婚这件事！哪怕把她捆起来关在家里，或者是强制性地给她剃个光头，都要阻止她们在这个年纪时结婚。孩子现在可能会抱怨你，但过了几年，头脑冷静下来以后，反过来会感谢你的。否则，说不定终生都要抱怨你当时怎么没有阻拦她。你知道你现在的想法是正确的，不是吗？"

既然我已经给未来的我提出如此重要的忠告，那么我真希望那个未来的我能赶过来，悄悄告诉我一组乐透彩票（Lotto）的中奖号码，权当是对我的回报。

44

每天和孩子互动至少二十分钟

　　从很久以前开始，只要看到女儿那些朋友们的衣容，我便立刻就能猜出她们的母亲是婚后继续参加工作的 working mom，还是一个待在家里的全职妈妈。这不是因为那些 working mom 的孩子们衣衫褴褛，或蓬头垢面。我能以足以令著名侦探夏洛克·福尔摩斯（Sherlock Holmes）汗颜的概率得出正确的结论，而提供相关线索的，正是孩子们的发型。

　　留着洗了头吹干以后只需掸几下就万事大吉的 cut 发型，或短发的女孩子，她们的母亲大概就是婚后还在继续工作的 working mom；如果是用发卡紧实地固定住的乖巧发式，那么她们的母亲几乎百分百就是全职妈妈。在像上战场一般的早晨时间，为了给孩子梳头、编辫子，免不了要和那因被弄疼而哭哭啼啼的孩子来一场肉搏，终于怕耽误了上班时间，而只好让孩子蓬着头去幼儿园。

只要经历过那么几次类似的事情，做妈妈的自然就会拉着孩子的手，前往理发店给她理成短发。

对于那些既想结婚，又想继续工作的女人来说，最担心的事情，就是这种情形：只要妈妈的手在不得已的情况下少动几次，孩子的生活质量就会下降。无论是否遇到一个多么优秀的家庭型老公，在韩国这块土地上，养育孩子的相当一部分义务，都要由女人来承担。社会意识结构如此，个人无能为力去改变它。所以，当有关孩子的某件事不够尽善尽美时，作为一个母亲，我们首先会产生深深的负罪感。韩国女人就生活在这样的社会文化当中。所以，孩子们在本该天真烂漫地享受一切的童年时代，他们必须承受母亲的缺席状态，这种环境是否会让孩子感受到某种情绪的缺失，实在是一件令人担心的事情。我们所从事的工作，是否果真那么重要，以至我们甚至不惜为此牺牲孩子的幸福？我不止一次这样扪心自问，却从未找到过答案。

在养育孩子期间，有无数个瞬间会产生深深的疑问和自责，在这一点上，我和其他韩国女性没什么两样。后来有一天，我在一本有关儿童心理学方面的书中读到了如下一段话：对于儿童而言，与父母之间的亲昵关系非常重要，只要每天能有二十分钟时间，和孩子进行充分的互动，孩子就足以得到情绪所需的一切。根据这个理论，即使一整天和孩子待在一起，但只要不和他进行互动，孩子就会带着各种心理问题成长。

读了这段话以后，我开始认真反思起来。我利用休息期间，和孩子待在一起的时候，把注意力完全集中在孩子身上的时间究竟有多长呢？如果排除被电视节目吸引的时间，和不得不耗神去做的各种家务时间，我完全花在孩子身上的时间远远不足二十分钟。

可是，这种情况并不限于我一个人。向那些整天和孩子待在一起的全职妈妈求证结果，她们的情况和我别无二致。她们认为，和孩子待在一起就已经足够了，更何况要干的事情那么多，再抽出时间和孩子互动，那可就太累了。妈妈是否继续工作，对于长大以后孩子品格的形成产生重要作用的关键正是这一点。如果真是为了孩子着想，那么我们该做的不是为是否继续工作而烦恼，我们该考虑的问题反而是每天能否抽出二十分钟时间，完全投入与孩子互动上面去。我也是那时才知道这个道理的。

刚开始和孩子实践"二十分钟互动"那段时间，我感觉实在坚持不下去，险些半途而废。我本来就没有什么陪孩子玩的技巧，所以对我而言，要以孩子的水准陪她玩二十分钟，感觉就像是漫长的两个小时。我使出了浑身解数陪着她尽情玩耍，等到累得躺下来，一看钟表，分针才移动了一两个格而已。假扮玩偶游戏、抓子儿游戏、躺在地上打滚儿的游戏……这类游戏对我来说，实在是难之又难的事情。

　　烦恼之余，我耍了个心眼儿，终于想出了一个相对省力的办法：给孩子读书。我不是简单朗读给她听，而是一边念书，一边和女儿一起深深沉浸在书的内容中，还不时扮演着书中主人公的角色。尽管身体吃不消，每天晚上需要喝上一大壶凉白开，但好在我和孩子能够同时感受到快乐，因此才勉强坚持下来。多亏了这个习惯，无论多累多忙，我们都没有中断读书活动。而这一神圣的入睡仪式，我们坚持了近十年。从幼儿时代开始，女儿就习惯了运用夸张技巧朗读，并以为读书就应该用这种方法读。后来在升入小学以后，她也是用这种方法读课文，结果还被老师称赞为"具有口述童话的本领"。

　　也许是那每天二十分钟的付出所赐，虽然我由于事务繁忙而经常无法陪伴在女儿身旁，可她还是健康、茁壮地成长起来。尽管在步入青春期以后，女儿时不时阴着脸晃来晃去，但还算是顺利完成了她那个年纪的孩子该完成的成长课程。同时，她也在逐渐成为一个能够理解我这个母亲的朋友。

　　在此期间，我思考了更多有关育儿方面的问题，也积累了相应的经验。如今，我多了一个越发确信的命题：

　　"好人"才会成为一个"好妈妈"。

　　并不是说，父母怎么期待，孩子就会怎么成长；孩子是在父母的人格影响下成长的。在育儿过程中，我们会不止一次地认识到，这里不需要什么高深的知识或技巧，父母本身首先成为一个好人，这才是最高级别的教育。不需要吹胡子瞪眼——在生活过程中慢慢积累起来的事例，在向我们揭示着这样一条真理。

　　成为一个好父母最佳的捷径，不在于为了如何启发孩子的问题，或为了收集教育信息而绞尽脑汁；在我看来，哪怕通过面壁修炼，也应首先端正自己的心态，这才是成功育儿的要点所在。

　　与其去担心子女的人生，还不如首先担负起自己的人生使命。我领悟到这个道理以后，心情变得更加轻松了。

45

牺牲是一种疯狂的行为

　　有一天，我正在家里处理原稿的时候，电话铃突然响了起来。我赶过去拿起听筒一听，原来是正上小学高年级的女儿打来的：

　　"妈妈，老师让我们把上学期的教科书全部拿回家里去，所以我把书都打包好了，可是太沉了。您能不能到学校来帮我一下？"

　　在孩子长大到一定程度以后，我原则上不大进出校园。我已经习惯了趁着孩子上学期间干活的工作方式，所以无论是过去还是现在，只要放弃这段时间，就很难再把注意力集中起来。因此，在那个时间段，如果去一趟孩子所在的学校再赶回家里，那么也就等于这一天就干不了活了。此外，我认为，到了这个年纪，即使父母不出面，孩子也能自己完成自己的事情。

　　在接到孩子的电话后，我似乎犹豫了几秒钟时间。往窗外一看，外面正好下着雨。举着一把雨伞，再背上一个装满教科书的大包袱……怎么想都觉得今天的工作算是泡汤了。我答应了女儿以后，穿上外衣向学校走去。

可是，女儿没有在学校等着我，而是已经朝着家里的方向步行了一大段路程。在过街人行道上，我和女儿不期而遇。明明是她打电话叫我到学校来接她的，可遇见我，女儿还是表现出吃惊的样子，由衷地高兴起来，好像我不会真的来接她似的。

我接过女儿的包袱和她并肩走在回家的路上。这时，女儿说道：

"妈妈，谢谢您。妈妈，真的谢谢您……"

女儿好像得到某个路人的帮助，不停地向我表示谢意。看到她这个样子，我有些慌张，一时也想不出该如何应对。当时，我也曾感受到略微的罪责感。在女儿的眼里，我这个当母亲的，平常该是一副多么无情的面孔，以至于这么一点小事，都让她觉得感激不尽？

可是，当我看到女儿的表情后，立刻抛弃了这种想法。女儿从我的包袱里分出一些教科书自己背上，又和我一起打着一把伞相拥着往家里走，脸上露出明朗的笑容。她是在真心实意地感激我的到来，而且因此而体会着莫大的幸福。

平日里，我一再向女儿强调，妈妈也有自己的生活，而且也非常珍视这样的生活。那天，女儿意识到我是放弃了我珍视的生活，而出来迎接她的事实。如果母亲每天按时到学校接孩子，替他们背书包，那么他们将不会体会到这类情感，而我女儿的体会却与此相反。

一直以来，我都见过不少妈妈为了孩子付出过多牺牲的做法。我也知道，当她们感到自己付出的牺牲，并没有得到相应的回报时，会给她们带来怎样的失望。

孩子逐渐开始带着自己独立的想法和妈妈说话的时候，很多情况下，妈妈会在身心两方面吃不消，甚至因此落下心病。自己在老公和孩子身上倾注了一切，可家人把它们视为理所应当的事情，这对她们来说，不能不算一件令她们悲哀的事情。也并非只有那些把所有时间都投入家庭里的全职妈妈才能体会到类似的感情。无论是身体还是心理方面，都容易枯竭的working mom，也会感受到同样的心情。这种情况举不胜举。

有一次，我为了让医生给开一张治疗胃病的处方而前往医院，凑巧邂逅了一位朋友。那位朋友告诉我说，她在周末腌泡菜的时候不小心感冒了，甚至因此而向公司请了病假。可是我发现，这位自称浑身酸痛的朋友身旁，竟然放着一只购物袋。她告诉我说，为了用腌泡菜剩下来的白菜心包饭吃，特意赶去买了一块五花肉回来。我埋怨她，生了病就该好好歇歇，恢复一下体力，怎么还要自己花钱买罪受。没想到她却回答说，孩子喜欢吃五花肉包饭，几乎到了发狂的程度。

"孩子喜欢吃这一口，我能有什么办法呢？哪怕我再累，不也得给他做吗？"

她既然这么说，我也没话可对她说了。

对她而言，牺牲已经成为一种习惯，成为她固定的行为方式。可问题在于，到了这种程度，对方大概也就习惯了接受。如果一个人的努力和关注的重点不在他自己身上时，总有一天会受到来自对方无法用语言表达的伤害。不仅如此，他自己受到的伤害，反而会转嫁到他所爱的人身上。如此一来，在他们之间就会形成一种恶性循环，双方却谁也不知究竟是谁做错了什么。

我想起曾在一本书里看到这样一段内容：

"污染世界之恶，永远发端于不幸的人。"也就是说，一个幸福的人，绝不会对他人做出恶意的言行。所以，让自己变得幸福起来的做法，就是一种对世界所做出的贡献，根本无须妄谈世界和平之类宽泛空洞的话题。因为只要自己感到不幸福，身边最亲近的人首先就会跟着不幸福起来。

我至今还能清晰地回忆起在我感到不幸的时候，是如何对待女儿的。虽然有时也因事务过于繁忙，而难以尽心照顾女儿，但我对女儿感到最为愧疚的事情，莫过于我在那段时间里自己感到不幸。不幸的人出于本能，首先会选择身边最脆弱的对象，消解自己的感情，而这个对象就是自己的子女。正因如此，不幸的妈妈在自己都觉察不到的情况下，折磨子女，让子女感到不安。我认识的一些心理咨询师，以及从事儿童福利事业相关职业的人，异口同声地告诉我说：从他们咨询过的或正在照顾的孩子们身上发现，尽管他们已经十分不幸，但真正需要接受治疗的，恰恰是他们的父母。

偶尔偷听老公和孩子嘀嘀咕咕的内容，就会在他们的对话中发现我的另一副面孔：我总是想通过他们，试图去体会幸福感，或越俎代庖替他们享受这种幸福，而不是亲自去体会自己的幸福。当幸福的轴心不是我自己的时候，彼此都会感到不幸。认为总是牺牲自己的人容易变得以自我为中心，这是一种苦涩的谬论。"我是怎么把你抚养长大的，你知道吗？"这是属于妈妈们的专利产品，以这句口头禅开始的各种悲情长篇叙事史诗，便是其最有力的证据。

所以我决定，首先要努力使自己变得幸福起来。哪怕家人以开玩笑的口吻对我表示出稍许不尊重的态度，我都会真诚、严肃地要求他们下不为例。同时也不仅仅为了他人而去做自己不喜欢的事情。取而代之的做法是，在我心情好的时候才会送礼物给家人，或为他们服务。人一旦变得心满意足起来，自然也乐于去帮助其他朋友们。换句话说，我自己首先变得幸福起来，然后才带着幸福的心情去向他人提供帮助。

　　如果能以这种方式，使自己变得越来越幸福，那么在步入耄耋之年时，我们是否就会自然而然变成温暖世界的光辉呢？

46

世界上最可爱却又最可怕的人

　　不久前，我偶然遇到一位带着孩子外出的朋友。我了解他们夫妻，妻子是一个多情善感而又安静的人，而她的老公则是一位性格温良的男人。因此，我认为他们的杰作该是一个多么可爱的孩子。

　　"你好啊，妈妈的小宝贝！这是跟妈妈去哪儿玩去啊？"

　　可出乎我的意料的是，面对我主动打招呼，那孩子却粗暴地回了我一句：

　　"正烦着呢，请别让我说话！"

　　完全不像九岁孩子的说话方式，不禁让我吃了一惊。而更让我大跌眼镜的是，我那位朋友对她的孩子做出的反应。她虽然因孩子的无礼而略微露出慌乱的神情，却没有对孩子进行任何训示。我一直以为，在培养孩子，使其朝着正确方向成长的过程中，父母的人品比抚养孩子的方式更为重要。因此，我不禁暗暗怀疑，这么多年来，我是否看错了这个朋友。

后来，我和那位朋友再次相遇，并在听了她的烦恼以后，才消除了误解。原来，在孩子断奶以前，她便不得不重返职场，因此对孩子抱有深深的歉意。她说，有一次，孩子只是患上了感冒，可由于没能及时就医，而转成了肺炎，因此折腾了很长时间才迈过那道坎儿。她追悔莫及地告诉我，当时那个主治医生厉声谴责她："再晚来几步，就该出大事了！孩子都病成了这样，你们大人都干什么去啦？"所谓父母，就是会在心里把这样的话记一辈子的人。她至今还认为，孩子的身体之所以这么弱，都是因为她的缘故造成的。所以，即使孩子做错了什么，也不会义正词严地给予教训。

她的罪责感，正在毁掉她的孩子。

孩子们本来就是一群惹人可怜的人。孩子们没有能力照顾好自己，他们经历的任何痛苦，都不能被视为他们为自己所犯错误付出的代价。更何况如果那个孩子偏偏又是"我的崽"时，又何必去说他呢？

怜悯和爱情显然是不同领域的两种情感，但却是有着很深渊源关联的概念。如果把古韩语中的"看上去很漂亮"这句话翻译成现代韩语，则变成"看上去很可怜"。这种转变并非偶然。

父母必定会始终在他们年幼的子女身上，感受到怜悯之情，因
为在他们看来，他们既是爱的对象，也是非常脆弱的生命。而
这种怜悯和歉意之间的差距，仅隔着一张纸而已。

　　尤其是那些需要一边工作，一边照顾孩子的 working mom，
她们对子女的怜悯几乎无法用语言来表达出来。每当发现在自
己未能照顾到的地方，孩子在成长过程中恰恰出现了各种问题
时，working mom 的心情尤其如此。我看到很多 working mom 由
于发现了孩子身上的问题，而不得不在苦恼之余，向公司提交
辞呈的情况。但如果静下心来认真思考，让孩子在人生道路上
走偏的，往往不是妈妈的缺席，而是妈妈的罪责感。

　　父母应该是孩子在这个世界上最亲近，同时又最害怕的人，
尤其是妈妈，就更应如此。在这两者无法达到统一的时候，孩
子不可能正确掌握什么是对的，什么是错的。这种可怕，不是
来自体罚之类的事上，而是来自父母在孰是孰非的问题上一贯
的、果断的态度。

　　孩子的品行和礼仪绝不仅仅是为了在他人眼里看上去更好。
这是父母为了有朝一日，当孩子走上这个世界以后，能受到他
人的尊重而应留给他们的一份遗产。没有礼貌的孩子，从很小
开始，就必将面对非常困难的局面，而且还要在自己都不知道
为何举步维艰的状态下，度过终生。

　　虽然我们为了如何能同时在孩子面前保持爱和威严的形象

而烦恼过，也曾为罪责感所羁绊，但事实上，孩子远比我们想象的要聪明伶俐。孩子们明白这两种感情同样都是爱的表达。我只是希望，听我在这里说起"爱"和"严格"这两个单词的人，不至于立刻抓住孩子，强迫他们去学习。

47

为了避免成为最差的妈妈

十多年来，我一直在思考有关女人的问题，并把它们写成文字予以发表、出版。久而久之，有些编辑向我提出建议说："到了今天，是不是也该写一写有关育儿方面的书了？"对此，我已经是好几年给出同样的回答："等哪天再说吧……"我现在才刚刚抚育一个各方面都很平常的女儿，把她送入了初中，能修炼出什么值得炫耀的内功，去对人谈论子女教育问题呢？老实说，这就是我的真实心情。我还有别的顾虑。据说，在韩国要想写一本有关子女教育方面的书，至少得是把孩子送进名牌大学的父母才行。可我的情况是，别说是大学入学制度，就连高中入学制都还没搞清楚。因此我以为，无论从哪个角度上看，我似乎都不具备可以向别的父母提出建议的资格。

但每当看到我的女儿顺利通过各个年龄段面临的成长难关，健康发展，有件事我还是感到蛮欣慰的。

"到现在为止，我还没犯下什么大错！"

至少，我自己还能判断做错与否，其实也都是因为其间我下功夫积累了有关育儿的相关知识。一直以来，我都习惯于一遇到问题就到书里面去寻找解决方案的做法，因此在育儿过程中，每当碰到心急心烦的事情，我就会找来有关育儿或儿童心理学方面的书籍认真阅读。有时也会去听听相关的讲座。

很多人连嘲带讽地认为书里所说的内容与现实差距大，那些满口孔子曰孟子曰地传递给读者的信息根本难以解决实际问题。还有的人甚至提出"两非论"观点，认为各个学者提出的主张不尽相同，搞不清究竟该听谁的才是，从而断定这些东西统统没有什么用处。我差不多读过市面上所能看到的所有关于育儿方面的书籍，可是在我看来，他们的说法只是"卑怯的辩解"而已。即使每个专家在养育子女方面的观点有所不同，但什么事情一定要做，什么事情坚决不能做，针对这一问题的态度却是大同小异的。哪怕仅仅具备有关这一问题的认识，对待孩子时的姿态也会有所改观。

在像现在这样人人都有机会得到良好教育的社会环境下，认为"只要生下来，孩子就可以自然成长"，或者是"严厉的训斥，会让孩子变得失去性格"，或者与此相反，认为"不以规矩不能成方圆"等。每当听到有人这么说话，我简直无言以对。

当然，看到把一个刚学会说话的孩子送进课外班，或者放任自己的孩子在公共场所妨碍他人的父母，我同样感到心烦。

自卢梭的《爱弥儿：论教育》问世以来，在数百年间，成为无数人的苦恼延续至今的教育学和儿童心理学，它们的发展绝不是没有原因的。只要理解了他们发现的孩子们的基本特性，和与孩子们沟通交流的方法，做出上述言行的父母，自己都会为自己感到无地自容的。

在学习该如何当一个好父母的过程中所掌握的一切，实践起来当然有一定的难度。但至少，我们不会去做绝对不该做的事情。

根据最近推出的理论，当孩子想哭的时候，正确的做法应该是：耐心地解读他的情感，并努力去体会他当时的真情实感。我的女儿小时候经常哭泣，我也曾努力尝试着这样去做。可是，由于身心俱疲而根本没有多余的精力去做的时候，我就会这样问女儿：

"妈妈抱抱你怎么样？要不然你一个人回到房间里，想哭多久就哭多久。"

女儿稍微考虑一番以后，根据当时的情况，要么扑进我的怀里继续哭上一会儿，要么干脆一个人回到房间继续号啕大哭。也就是说，我没有像有些人那样威胁孩子说："哭什么哭？难道你还做对了不成？只有傻瓜一样的孩子才会这么哭个没完没了呢！"进一步坦白的话，面对爱哭鼻子的女儿，我采用"偏方"

的次数，多于采用惯常做法。可是，我那敏感而又脆弱的女儿，并没有成为一个周边成年人所担心的爱哭鼻子的女孩儿，反而成长为一个乐于照顾别人的孩子。爱流眼泪，只因为她是一个敏感的、感情丰富的女孩子，所以这个性格特点如能变成她的长处，她就会成为一个懂得站在别人的立场上思考问题的人。只要父母不做出"最糟糕的荒唐之举"，孩子们就会按照各自的个性，成长为能发挥自己长处的人。在现实生活中偶尔遇到拥有"恶"的人格的人，大多数都是他们父母"最糟糕的荒唐之举"的产物。

我成为一个人的妈妈已经十多年了，可仍觉得我是刚刚当上妈妈。现在，为了避免成为一个"最差的妈妈"，我仍在不停地学习。同时也为了防止从来不想主动学习的老公成为"最差的爸爸"，而持续对他进行各种培训和教育。

我一直相信学习总会给你带来报偿，但似乎觉得，没有任何一种学习像学习如何做一个称职的父母那样，会满足你的需要。或许你会以为，过去的人不讲究这些也都把孩子养得好好的。只要你能想一想我们当中有多少属于异常的人，你就会明白，采用放任自流的方式抚育孩子的后果了。

48

成为虎妈的原因

"我不想在公司里被人当成是一个傻瓜看待，也不想被孩子看成是一个大体上都还说得过去的母亲。"

这是一个曾向我请求帮助的 working mom 对我说过的话。虽然我能理解她是出于何种心情说这番话的，但总觉得事情不像她所说的"被人当成是一个傻瓜看待"，或"大体上都还说得过去"那么简单。我也因此更替她着急。如果她对自己的要求上限也就是这个水平，其实也就没这么累了。

所有的 working mom，在单位都不想比单身女人做得差，而在家里，也想成为一个毫不逊色于全职妈妈的人。尽管她们时时暗示自己"不要这样"，可一旦和别人同处一处，就神不知鬼不觉地改变了想法。尤其是在子女问题面前，她们立刻就会感到自己变得渺小起来。面对最近全职妈妈迅速提高的信息收集能力和积极性，working mom

的心情不知有多沮丧。所以，她们尽可能要在孩子面前展示出自己的宽宏大量，和精明干练的母亲形象。但如此一来，事情变得越发糟糕起来。有段时间，我也曾这样虐待自己。只是到了后来的某个瞬间，我才决定放下包袱，尽可能安慰自己，能做到哪一步就做到哪一步。

需要在这里向大家坦白的是，其实我曾经做过几乎让自己发疯的、令人难以启齿的事情。

那天，我带着女儿，和她的几个同学及其妈妈们一起到一个同学家里去串门儿。几位孩子的母亲围坐在一起，一边吃着零食，一边唠着家常。当时正在上小学的女儿，和几个小伙伴一起跑来跑去，玩得不亦乐乎。过了一会儿，女儿突然哭着向我走来。

"妈妈，我的手受伤了。"

"是吗？做游戏的时候，发生这种事情也是有可能的。来，给我瞧瞧。"

然而，我拉过女儿的手一看，才发现她的手伤得不同寻常。她自称是不小心被门缝夹到了手指，但手指上掉了一块皮，已经流了不少血。女儿一向胆小，是个比较内向腼腆的女孩儿，伤得这么重还是有生以来头一次。

我努力装作泰然自若的样子，让女儿镇静下来，然后准备借用一下主人家的急救箱给女儿处理一下。可就在这时，我的胃开始翻涌起来。

"你稍等我一下。"

说完这句话，我暂时丢下孩子，仓皇地跑进主人家的洗手间，把那天吃进去的东西全部吐了出来。抱着马桶折腾了一阵以后，当我回到客厅时，其他几个孩子的妈妈已经围在女儿四周，把她的伤口处理好了。我带着歉意、慌乱以及谢意等各种复杂的感情走向她们，可是当她们看到我，不约而同地喊出声来：

"贤真妈，你的脸色看上去好苍白！我看该去医院瞧瞧的不是孩子，而是你自己。"

自那以后，我便以一个"看到自己孩子的手指受伤的样子，跑到洗手间去呕吐的妈妈"闻名于我们小区了。

事实上，我的缺陷并不止于上面所讲的故事。由于我存在健忘的毛病，而且也经常粗心大意，所以做事情的时候总是漏洞百出。更令人难堪的是，有时甚至还得由我的女儿给我填补那个漏洞。我这个样子，在任何人看来，都不像是一个能同时很好地完成育儿和自己工作的人。即便如此，女儿仍然不把我看成是一个"野蛮妈妈"。我也是通过这件事，才了解到这一点的。

有一次，我和一位因职业需要经常和孩子们接触的博士一起，对我的女儿进行了一项测试。那位博士看到我的女儿，首先问道："你尊重你的妈妈吗？"据博士悄悄对我说，这是为了通过孩子的反应，判断她的性格或心理状态。可是，女儿毫不犹豫地回答说："是的。"博士后来在和我单独见面的时候告诉我，事实上，针对这个问题，立刻做出肯定回答的孩子是少见的。博士同时提醒我说，这应该就是孩子真实感情的表达。

即便我是一个"野蛮妈妈"，孩子竟然还由衷地尊重我！从这一天起，我不仅要重新认识自己，更要重新认识我的女儿。后来我觉得，孩子们对大人的尊重，可能与"完美"的标准还有很大的距离。

大家经常说，什么事都知道的人未必是一个成熟的人，知道自己不知道什么，反而是一个成熟的人的标志。培育孩子的时间越长，就越会体悟到这句话的正确性。因为孩子尊重父母，依赖父母的感情，不是来自父母的完美。孩子们也知道父母不是万能的。不知为不知，不能为是不能为，只要坦率地说出自己的限度，并把自己在这一限度范围内做出的最大努力展示给孩子，就已经足够了。不过态度决定一切，只有尊重孩子，你才会赢得孩子的尊重。

能给孩子带来更积极影响的，是尽管有这样那样的缺点，但感觉幸福的妈妈，而不是为了变得更加完美而筋疲力尽的母亲。为了记住这一点，我正在付出不懈的努力。值得庆幸的是，看到自己受伤流血的手指，立刻跑到洗手间呕吐的妈妈，女儿竟然还能以她的宽宏大度拥抱我。

49

人未必一定要有外向型性格

　　我在年纪不大的时候——还是在刚刚脱掉乳臭的二十五岁的年纪上——就已经开始既要参加工作，又要担负起育儿重任了。现在想来，作为一个年轻的妈妈，我当时总是笨手笨脚的。即便如此，为了让自己和孩子都在此生中少些后悔，我付出了最大的努力。然而，在回顾女儿幼小的时期，有件事情始终还是让我过意不去：我对待生来就性格内向的女儿的态度过于不成熟。

　　别说是陌生人，就连一定程度上已经熟悉了的人，女儿也不会轻易和他们亲近起来。即使到了小学低年级时期，在和一些令人感到有些别扭的大人共处的场所，女儿甚至还闭上眼睛装睡。因此可以说，她的行为已经不能简单用"害羞"来概括了。双方老人都很担心孩子的性格问题，劝我们要经常带孩子出去走走，多让她见见人。可是，无论我们多么频繁地让她接触别人，她还是难以和别人亲近起来。女儿不止一次地让我的一些朋友感到尴尬，每当遇到这种情况，我不知有多慌乱。我无法理解，在和我单独相处的时候，女儿那些可爱的举动，为何就不能在他人面前展示出来呢？不仅如此，我还用一种不该用来对待孩子的态度来对待她，那就是"害羞"。我当时真的是替女儿感到害羞。

在守望着孩子的成长，并为了写作不停地学习的过程中，我自己也在一定程度上成长起来了。再回过头来去看的时候，我才猛然觉得，我为孩子感到害羞的行为，才是真正应该让我感到害羞的事情。因为这不仅仅是孩子的性格问题。

至今为止，我仍然可以经常看到周边的人，认为一个人的性格是与生俱来的，却把"内向"的性格看成是一种不正常的"问题"。看到一个孩子在超市的玩具卖场哭着喊着让妈妈给他买玩具，不会有人担心他长大以后也会这样跟妈妈耍赖。可是，当人们看到一个孩子不善于人际交往，便开始担心他日后可能难以适应社会。从周边所有人都曾担心过我女儿的事实上看，人们似乎普遍认为，内向型的性格属于性格上的缺陷，理应加以克服和修正。

事实上，在任何一种社会，人们都会担心内向型性格的人，有可能无法正常和别人交往，难以胜任工作岗位对他的要求，因此会在生活过程中蒙受不必要的损失。可是在韩国，有百分之八十以上是属于内向型性格的人，他们不也没有受到什么损失，便好好地生活过来了吗？需要通过独处的时间获得能量的内向型性格的人，他们会很好地完成需要安静地工作的任务。在人们看来，业务员这个职务，需要具备外向型性格才能胜任，但也有不少人以他们的少言寡语赢得客户信赖，并获得巨大成功。只要是"自我"成熟良好的人，大多数人都懂得去发现自己的本性，并按照需要，表现出适当的外向型态度。

在我认识的所有人当中，我的女儿是属于最内向的。不过她已经可以根据环境需要，从内向的本性中摆脱出来——虽然现在还刚上初中。在面对朋友或大人的时候，也展现出相当成熟的社交能力，经常发表自己的见解。在她像一个内向型的人那样默默关注他人，并替他人着想的身影上，我反而经常能看到一个成熟人的标志。女儿正处于认识自己的秉性，并寻找相应的生存方法的过程。

"要和所有人友好相处。"

"要在别人面前展示出明朗的、朝气蓬勃的形象。"

在成长过程中，一直听大人唠叨的诸多废话当中，这类话是最没用的。为什么要和所有人像朋友一样"友好"相处呢？为什么要故意表现出外向的样子生活呢？只因偶然被编排到一个班级，很多大人便强迫孩子无条件与班里其他同学友好相处。这一点我始终不能理解。因为同班同学当中，有的人存在性格上的障碍，以至走得过近就可能受到伤害，而有的人可能真的是从性格上合不来。在我看来，只要不和这些人为敌，就已经足够了。

在一次以游戏文化为主题举办的活动场所，我被组织者编进年轻大学生一组。由于年长的缘故，我自然成了组长。但在活动中，有那么两三个学生，表现出过于不协作的态度，导致活动无法进行下去。她们看上去都很认生，而且交谈范围只局限于她们几个彼此熟悉的人。某些大人所担心的内向型性格问题，可能正是这种情况。但在我看来，这不是性格问题，而是幼稚和没有礼貌的结果。如果一个外向型的人，加上再没有礼貌，那么一定会以不同的方式招来他人的白眼。他们在走上社会以后，将经历非常残酷的社会化过程，并在自己的本性范围内，艰难地学会与他人相处的方法。

如果我的女儿和我较起真来，责问我"我的性格还不都是你们做父母的遗传给我的吗"，我还真是无言以对。从科学证实的事实上看，天生的性格是遗传的。那不是孩子所愿的，而是我和老公给予她的。但性格和人性是不同的，因此我们只能承认前者，而不得不督促、鼓励自己多在后者上下番功夫。

领悟到这一点，心情不知有多舒畅。我不再为孩子的性格而感到焦虑。我会接受孩子本来的性格，耐心守望着她的成长。我坚信，女儿在成长过程中具备的人品，将压倒性格上的弱点。

二十几岁时，我们真的幸福吗？

　　我因"复古"这一单词而遭受巨大冲击，是在参加女儿初中时期学校举办的"学艺会"（类似于中国的学校举办的才艺表演大会）上。当演出进行到节目单上的"复古舞蹈"环节时，我非常自然地以为，扩音器里将会播放迪斯科或探戈之类的音乐。可是，在校园内震荡扩散开来的，却是一首名为"HOT"的偶像组合的歌曲。在我看来，"HOT"的全盛期过了没几年，可他们的歌曲在孩子们看来已经是属于"复古"音乐了。我不禁暗想，要是照这么计算的话，我这般年纪的人，会不会被和那些经历过朝鲜战争或日本殖民时期的人捆绑在一起呢？我的大脑因此一片混乱。

　　当我勉强能接纳复古这样的表述方式和我的人生之间的联系时，有收音机里开始刮起了"复古风"。有一次，我去观看一场以和我大学时代接近的社会环境为背景的复古剧。凑巧的是，登场人物也是一群大学生，因此我对节目满怀期待。我当时的感觉，好像是在翻开过去的相册一般。那种既熟悉又有些模糊的、重现在记忆中的故事给人带来神奇的感觉。可是，在观看话剧过程中，我全然没能产生那种期待的感觉。那些只存在于那个时代的古董，比如公用电话、BP机、消失的百货商店建筑物、那个年代的音乐、时装等，分明在刺激着我的脑细胞，可我怎么也无法把自己置换成剧中的主人公。因为当时，我绝没有像剧中的人物那么幸福。

我从很久以前开始，就养成了写日记的习惯。从十五岁开始，一直到三十岁，我每天都要写一篇长长的日记。后来，在以码字为正式职业以后，我就像问候那些移民海外的朋友那样，偶尔记下我的内心及社会生活。我仅翻看过一次二十多岁时写下的日记，那时的我，比我想象中的还要傻乎乎的。幼稚的价值观、幼稚的判断、对世界的恐惧等——我被这些问题所困扰，仿佛一个被遗弃的孩子，只是碍于无法自戕才勉强苟活于世。当时成为我唯一的能量之源的浪漫期待，与其说是美丽的，不如说凄切更为准确一些。在读日记的时候，我始终在较着劲对日记中所描述的过去的自己大声呐喊：

"那个男孩儿不喜欢你，别再自作多情，还是赶紧去找找别的家伙吧！"

"就因为你这样，所以才找不到男朋友。别再自以为是，还是多去关心一下自己的外貌吧！"

"以这个样子上班，难怪上司看不上眼！"

"这样的家伙连朋友都算不上，别再被他拖来拖去，把自己搞得满身疮痍了！该做个了断了！"

我实在无法继续读下去了，于是把日记合上，把它封装到箱子里。

我们之所以无缘由地怀念年青时代，是因为当时的我们处于生理学意义上的全盛期，因此有一副姣好的容貌。同时，由于没多少知道的和成就的事情，所以也拥有更多的可能性。除此以外，也因为只有在那个时期才能经历到的几个印象深刻的场面。无论什么事物，只要是朦胧的东西，就会被我们的记忆包装得很美。当今的电视连续剧，大都是以二十多岁的年轻人的故事为主线展开的，在为这些节目充斥的世界里，我们会在不知不觉中感到，自己已从人生的主人公位置上退居二线，因此我们才会怀念起既不那么幸福，也不那么浪漫的年青时代。也许正因如此，我们才会低估现在的生活也未尝可知。二十多岁的时期，其实只是强烈要求梦想与浪漫的时期而已。

实际上，在那个时代，我从镜子里看着自己鲜嫩的皮肤和修长的胳膊时，也没曾感到过幸福。因为在当时的我看来，曾给予我的青春，相当于现在的成熟，是一件理所当然的事情而已。

所谓幸福，是一种只有在我们成熟起来之后才能正确感受到的情感。如果向孩子问起他是否幸福，那么他们会根据当时的心情做出回答，或者告诉我们说不知道。针对这一问题，我的女儿在上小学的时候，曾回答我说："一年当中只有三天是幸福的——儿童节、生日、圣诞节。"对于孩子来说，幸福就是"现在立刻能让他们感觉到有趣的事情"而已，他们还不具备理解幸福的能力。这种情感方面的成熟，不会在我们进入二十岁长成大人以后就停止发展。我们现在比过去的二十岁左右时期拥有更多可以让自己幸福起来的能力，即使是在现在这一刻，我们也在时时更新让自己变得更加幸福的能力。发达国家每次提出幸福指数报告的时候，都会得出六十岁以后才体现出人生最高的幸福指数的结论。从这一事实上看，直到因健康状况恶化，导致我们的生活质量下降之前，我们的这种能力还在持续提升。

只有在为了当下而被利用的时候，过去才会具有价值。所以，年青时代不应成为我们在低估当下的同时去怀念的对象。把过去视为使我们现在的生活变得更加丰富多彩的原料加以利用的时候，过去才会变得美丽起来，只是过去本身并不值得一提。

现在，在散步的时候偶然遇见的一朵野花，或者在一上午工作过程中品尝到的一杯咖啡，甚至都可能引发我们的幸福感。我们不是电视连续剧里的人物，我们是生活在真实人生中的人物，而且还不是个配角。

至今为止，
在我的生活中，
需要我亲自动手清除的空牛奶盒依旧堆积如山。

人生的作业永远没完没了，我也因此深感不安。
但可以带着这样的不安继续生活下去，
或许正是年龄增长的魅力所在吧。

版权登记号：01-2016-4029

图书在版编目（CIP）数据

下辈子不再嫁给你了 /（韩）南仁淑著；阿南译．—北京：
现代出版社，2017.2
ISBN 978-7-5143-5341-9

Ⅰ.①下… Ⅱ.①南…②阿 Ⅲ.①女性－成功心理－
通俗读物 Ⅳ.① B848.4-49

中国版本图书馆 CIP 数据核字（2016）第 272705 号

다시 태어나면 당신과 결혼하지 않겠어

Copyright 2016 © By 남인숙 南仁淑

ALL rights reserved

Simplified Chinese copyright © 2017 by Modern Press Co,Ltd

Simplified Chinese language edition arranged with 남인숙 南仁淑

through 連亞國際文化傳播公司

下辈子不再嫁给你了

作　　者　【韩】南仁淑
译　　者　阿南
责任编辑　赵海燕
出版发行　现代出版社
通信地址　北京市安定门外安华里 504 号
邮政编码　100011
电　　话　010-64267325　64245264（传真）
网　　址　www.1980xd.com
电子邮箱　xiandai@vip.sina.com
印　　刷　三河市宏盛印务有限公司
开　　本　880mm×1230mm　1/32
印　　张　7.25
版　　次　2017 年 2 月第 1 版　2017 年 2 月第 1 次印刷
书　　号　ISBN 978-7-5143-5341-9
定　　价　35.00 元

版权所有，翻印必究；未经许可，不得转载